33 Länder
33 Wochen
33 Jobs

Jan Lachner
mit Philip Alsen

W0053089

33 Länder
33 Wochen
33 Jobs

Jan Lachner
mit Philip Alsen

Als Jobhopper
unterwegs von
Aalborg bis
Zagreb

riva

Bibliografische Information der Deutschen Nationalbibliothek:
Die Deutsche Nationalbibliothek verzeichnet diese Publikation in der Deutschen
Nationalbibliografie; detaillierte bibliografische Daten sind im Internet über
http://d-nb.de abrufbar.

Für Fragen und Anregungen:
info@rivaverlag.de

Originalausgabe
1. Auflage 2015
© 2015 by riva Verlag, ein Imprint der Münchner Verlagsgruppe GmbH
Nymphenburger Straße 86
D-80636 München
Tel.: 089 651285-0
Fax: 089 652096

Redaktion: Matthias Teiting
Umschlaggestaltung: Melanie Melzer
Layout: Kristin Hoffmann
Satz: FotoSatz Pfeifer GmbH
Druck: CPI books GmbH, Leck
Printed in Germany

ISBN Print 978-3-86883-464-2
ISBN E-Book (PDF) 978-3-86413-615-3
ISBN E-Book (EPUB, Mobi) 978-3-86413-616-0

Weitere Informationen zum Verlag finden Sie unter
www.rivaverlag.de
Beachten Sie auch unsere weiteren Verlage unter:
www.muenchner-verlagsgruppe.de

Inhalt

Vorwort

Bevor die Reise losgeht ...

Einmal Luftfahrt, immer Luftfahrt. Meine Eltern waren ihr Leben lang in der Luftfahrt, nun bin ich es. Es ist gleichzeitig meine Leidenschaft, mein Studium, und es wird – voraussichtlich/höchstwahrscheinlich – mein gesamtes zukünftiges Berufsleben sein. Zu gradlinig und einseitig? Ein bisschen zu »*monothematisch*«? Ja, fand ich auch! Hinzu kam, dass ich eine satte Portion Wut und Unzufriedenheit im Bauch hatte. Mein erster Job nach dem Studium war nicht so, wie ich ihn mir vorgestellt hatte, es lief nicht wirklich gut. »Ich bin wahrscheinlich für Höhcres bestimmt«, sagte ich mir. Das war natürlich arrogant und totaler Quatsch, aber es tat gut, mir das einzubilden.

Höchste Zeit, etwas anderes auszuprobieren und zu erleben! Nur was?

Eine Weltreise? Dafür fehlte mir unter anderem das Geld. Humanitäre Hilfe vor Ort? Dafür war ich nicht qualifiziert. Ideen hatte ich viele, funktionieren wollte jedoch keine.

Dann erinnerte ich mich an zwei deutsche Frauen, denen ich während meiner Ferien in Indonesien über den Weg gelaufen war und die gerade neun Monate »Work & Travel« in Australien hinter sich hatten. Australien kam nicht infrage, da ich für eine so weite Reise die Unterstützung der Familie gebraucht hätte … Aber, hmmm, eigentlich keine so schlecht Idee: in kurzer Zeit verschiedene Jobs auszuüben und dabei etwas anderes kennenzulernen als die Luftfahrt. Ja, genau, das war's!

Nur wollte ich nicht wahllos irgendetwas machen. Orangen pflücken oder Weinreben stutzen, so wie die beiden Mädchen das getan hatten, das war mir zu eintönig. Nein, eine breite Vielfalt sollte es werden. Und interessant sollte die Arbeit natürlich sein! Und wo ich gerade schon zu träumen begonnen hatte, wollte ich bitte auch noch möglichst viele Länder bereisen.

Sprachprobleme sah ich keine. Ich spreche Deutsch, Englisch und Französisch, damit war schon mal eine Menge abgedeckt. In Österreich und Luxemburg wird schließlich auch Deutsch gesprochen (wenn auch mit teils fürchterlichem Akzent), in Belgien spricht man Französisch, und mit Englisch hat man noch ganz andere Möglichkeiten, nicht nur in Großbritannien und Irland, sondern auch in Ländern wie Schweden oder den Niederlanden. Und wenn ich schon halb Europa auf meinem Zettel hatte, dann konnte ich auch gleich ganz Europa besuchen. Also alle Länder, in denen man keine Arbeitserlaubnis braucht – und das sind immerhin 33! Zu den 28 EU-Ländern kamen nämlich noch Norwegen, Island und Liechtenstein dazu sowie die Schweiz und Monaco.

Dieses Projekt passte einfach perfekt zu mir. Ich reise mit Leidenschaft, bin sehr neugierig, kontaktfreudig und zielstrebig, komme manchmal auf sonderbare Ideen (wie diese hier) und fühle mich durch und durch als Europäer und dem europäischen Ideal verbunden. Denn ja, für mich ist Europa ein Ideal, eine Utopie: Menschen und Völker, die sich über Jahrhunderte bekriegt haben, aber dennoch – oder gerade deswegen – beschließen, zusammenzuarbeiten, sich gegenseitig zu unterstützen und eine Schicksalsgemeinschaft zu bilden. Wie gut oder schlecht die konkrete Ausführung ist (sprich, wie gut die EU funktioniert und die EU-Politik sich umsetzen lässt), darüber kann man streiten. Mir aber geht es um die Grundprinzipien der EU, und die halte ich für eine wirkliche Errungenschaft. Allein ist man schwach, gemeinsam ist man stark.

Europa ist mein alltäglicher Horizont, es ist ein spannender Entdeckungsort, mein Spielplatz, auf dem ich mich austoben kann. Es ist mein Zuhause. Ich fühle mich nicht fremder in Helsinki als in Hamburg, genauso geborgen in Madrid wie in München. Ich habe das Recht, ohne Grenzen frei zu reisen, überall zu arbeiten und zu leben.

Natürlich habe ich von den Umständen profitiert: Ich war erst 23 Jahre alt, aber hatte meinen Master schon in der Tasche. In Deutschland mag das sehr jung erscheinen, in Frankreich aber ist das nichts Außergewöhnliches. Und wenn man jung ist, ist man auch freier als im Alter. Man hat keine Familie, um die man sich kümmern muss, kein Banker rennt einem wegen eines unbezahlten Hauskredits hinterher …

Ich komme aus bodenständigen Verhältnissen, habe bescheidene Bedürfnisse und komme mit wenig klar. Ich rauche nicht, trinke nicht (zumindest nicht übermäßig), habe nie ein Auto oder ein Motorrad besessen und allein dadurch schon eine Menge Geld angespart, das ich nun in das Projekt investieren konnte.

Letztendlich muss ich auch eingestehen, dass ich es als Deutschfranzose mit abgeschlossenem Studium natürlich einfach hatte, im Ausland akzeptiert und aufgenommen zu werden. Ich war sicherlich nicht den Anfeindungen ausgesetzt, mit denen sich beispielsweise eine 45-jährige Rumänin mit Migrations- oder Minderheitshintergrund und ohne Schulabschluss hätte herumschlagen müssen …

Irgendwie passte diesmal also alles zusammen. Und deshalb wollte ich mein Glück einfach versuchen. Nachdem fünf Unternehmen mir eine Zusage erteilt hatten, wusste ich: Das konnte tatsächlich etwas werden. Dass ich am Ende tatsächlich alle 33 Länder besucht und in allen gearbeitet habe, davon war ich später selbst überrascht. Meine Lebensgefährtin übrigens auch. Denn hätte sie geahnt, dass ich tatsächlich 33 Wochen weg sein würde – vielleicht hätte sie mich gar nicht erst ziehen lassen …

1. MALTA

Seekrank im wasserärmsten Land der Welt

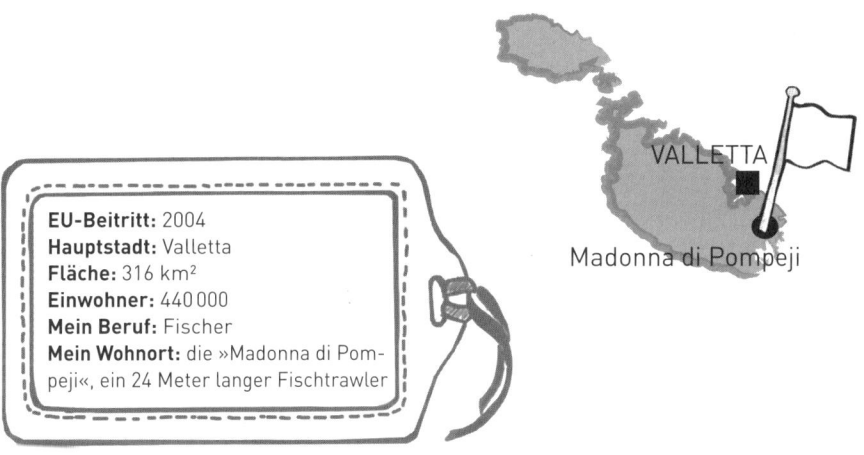

EU-Beitritt: 2004
Hauptstadt: Valletta
Fläche: 316 km²
Einwohner: 440 000
Mein Beruf: Fischer
Mein Wohnort: die »Madonna di Pompeji«, ein 24 Meter langer Fischtrawler

VALLETTA

Madonna di Pompeji

»Merħba għall Malta!« Mit einem breiten Lächeln im Gesicht heißt Publius Falzon mich am Malta International Airport willkommen. Ich verstehe zwar kein Wort, mutmaße aber, dass der Satz so etwas wie »Herzlich willkommen auf Malta« heißt, und ergreife die mir hingestreckte Hand. Eigentlich müsste ich dem freundlichen Herrn am Flughafen jetzt: »Jien ma nitkellimx bil-malti« entgegnen, was übersetzt hieße: »Ich spreche kein Maltesisch.« Stattdessen aber bedanke ich mich auf Englisch, wohl wissend, dass Publius Falzen mich genau versteht und sogar besser Englisch spricht als ich. Malta war nämlich mal eine britische Kolonie, und deshalb ist Englisch dort noch immer die zweite Amtssprache.

Das Leben ist schön. Es ist die erste von 33 Wochen in 33 Ländern. Die Sonne scheint, die Leute sind nett, und auf mich wartet eine spannende Woche als Fischer. Gleich wird Publius, der beruflich übrigens Vorsitzender von einer der beiden maltesischen Fischereiorganisationen ist, in den Hafen des nur sieben Kilometer entfernten Örtchens Marsaxlokk fahren, wo ich meinen Job antreten werde auf vermutlich einem dieser farbenfroh bemalten, kleinen Fischerboote, die man hier »Luzzus« nennt. Morgens hinaus aufs Mittelmeer, fischen, die Netze einholen, zurück in den lauschigen Hafen – so habe ich es mir zumindest vorgestellt. Aber denkste … Publius fährt mich zwar nach Marsaxlokk, liefert mich dort aber am Pier direkt neben der »Madonna di Pompeji« ab, und kurz erinnere ich mich daran, dass ich ihm am Telefon gesagt hatte, er brauche mich nicht zu schonen. Je härter die Realität mich treffe, desto besser gefalle es mir. Er hat sich daran gehalten: Die »Madonna di Pompeji« ist ein alles andere als romantisch-folkloristisch aussehender Fischtrawler. 24 Meter lang, zwei Decks, sechs Mann Besatzung – ich bin die Nummer sieben. Und mit dem Englisch, das hier jeder spricht, ist es plötzlich auch nicht mehr weit her. Amir, der Kapitän, beherrscht nur ein paar Brocken, der Rest der Besatzung spricht Arabisch, und zwar ausschließlich. Ich spreche Deutsch, Französisch und Englisch, ebenfalls ausschließlich.

»Wird schon passen!«, denke ich, frage mich aber doch, wieso ein Schiff der maltesischen Fischereiflotte ausschließlich mit Ägyptern besetzt ist. Weil sie billiger sind? Also noch billiger als maltesische Arbeiter, die, statistisch gesehen, auch nicht zu den bestbezahlten in der EU gehören? Tatsächlich galt Malta in den 1970er-Jahren noch als Billiglohnland und war für viele Schuh- und Klamottenproduzenten eine gut erreichbare Alternative zu Indien, Thailand und ähnlichen Standorten. Oder, überlege ich, sind die arabischen Fischer hier, weil Malta arabische Wurzeln hat und seit jeher als »Brücke nach Nordafrika« gilt?

Kurze Situationsbeschreibung: Malta, das sind sieben felsige Inseln im Meer, von denen nur drei – nämlich Malta, Gozo und Comino – bewohnt sind und die es insgesamt auf eine Fläche von 316 Quadratkilometern bringen. Das ist gerade mal so groß wie München (310,43 Quadratkilometer), und zumindest die Hauptinsel sieht aus dem Flugzeug aus wie ein Pfannkuchen im Meer. Knapp 420 000 Menschen leben hier, hauptsächlich wegen des angenehmen Klimas. Denn ansonsten ist Malta relativ abgelegen und hat wenig zu bieten: Sandstrände gibt es kaum, dafür jede Menge steiler Klippen. Es gibt keine Berge, keinen Fluss und keinen See. Bodenschätze gibt es auch nicht, und da es kaum regnet, sind Flora und Fauna eher ärmlich. Eidechsen, Geckos und ein paar andere Krabbeltiere finden sich zuhauf, ein wildes Tier, das größer ist als ein Kaninchen, ist aber auf Malta noch niemals herumgelaufen.

Wasser ist ein Problem. Tatsächlich ist Malta laut Statistik das wasserärmste Land der Welt, und entsprechend karg sieht es hier auch aus. Ein paar Kiefern, Oliven- und Eukalyptusbäume, ansonsten nur anspruchslose Sträucher wie Thymian, Rosmarin und diverse Hartgräser. Wenn irgendwo drei Bäume zusammenstehen, sind sie das, was ein Malteser unter dem Begriff »Wald« versteht. Seltsam: Seit 2001 gibt es auf der Insel einen Ferrari-Club. Warum das seltsam ist? Weil man sich fragt, wo die Clubmitglieder die immerhin 47 hier zugelassenen Sportwagen wohl ausfahren. Malta ist nämlich gerade mal 27 Kilometer lang, 14 Kilometer breit, und es gibt weder eine Autobahn noch große, mehrspurigen Straßen. Im Gegenteil: Geländewagen sind Trumpf! Wer so richtig dem Geschwindigkeitsrausch verfallen möchte, braucht ein PS-starkes Boot, denn die unendliche Weite des Meeres ist so ziemlich das Einzige, was Malta in Hülle und Fülle zu bieten hat. Sizilien ist knapp 50 Seemeilen entfernt, bis zur afrikanischen Küste sind es etwa 160 Seemeilen.

Kein sonderlich romantisches Plätzchen also, aber schon immer irre beliebt. In den vergangenen 2500 Jahren lebten hier die Punier, die Römer und die Araber. Die Insel spielte eine Rolle im Ränkespiel der europäischen Adelshäuser, wurde im Jahr 1530 die »Zentrale« des Malteserordens, 1798 von Frankreich besetzt und zwei Jahre später dem britischen Königreich einverleibt. Erst 1964, nach genau 164 Jahren Kolonialzeit, wurde Malta von Großbritannien in die Unabhängigkeit entlassen. 1974 wurde es zur parlamentarischen Republik, und seit 2004 ist das nur knapp 7100 Einwohner zählende Städtchen Valletta die kleinste Hauptstadt aller EU-Länder.

Bis heute aber ist es nicht einfach, Malta einzuordnen. Zur Begrüßung sagt man »Merhaba«, zum Abschied »Ciao«. Maltesisch hat sich aus einem arabischen Dialekt entwickelt, und wer die aus dem Italienischen in die Sprache eingeflossenen Worte weglässt, kommt auch im Arabisch sprechenden Ausland gut klar. Und auch die Häuser erinnern an die engen Gassen einer arabischen Stadt: Erker, hölzerne Vorbauten und flache Dächer. Malteser, die in Tunesien Urlaub machen, stellen nicht selten fest: »Da sieht es aus wie bei uns.«

Und die Fischerei? War mal ganz groß, gehört auf der Insel heute aber zu den aussterbenden Berufen, zumindest wenn man von den Fischern spricht, die noch selbst mit ihrem Boot aufs Meer hinaustuckern. Große Fischereikonzerne, sinkende Fischbestände, ausländische Konkurrenz, Fangquoten und strenge Auflagen der Behörden machen den maltesischen Fischern das Leben schwer. Die Regierung hat deshalb ein Projekt angestoßen, das den Export von Fisch wieder lukrativ machen soll: Thunfischfarmen. Nur wenige Hundert Meter vor der Küste schwimmen ein paar Dutzend bis zu 60 Meter tiefe Käfige, in denen man versucht, die bis zu 300 Kilogramm schweren Raubfische zu züchten. Es ist ein von

Umweltschutzorganisationen wie Greenpeace mit Skepsis und Argwohn beobachtetes Unternehmen, das den Einsatz modernster Technik nötig macht. Schließlich ist der vom Aussterben bedrohte atlantische Blauflossenthun nicht nur einer der begehrtesten Speisefische der Welt, sondern auch das so ziemlich sensibelste Geschöpf, an dem man sich als Fischzüchter versuchen kann …

Bei uns an Bord hingegen geht es weniger technisiert zu. Gleich an meinem ersten Tag tobt draußen auf dem Meer ein Sturm, und wir können mit der »Madonna di Pompeji« nicht auslaufen. Beinahe zwei Tage liegen wir im Hafen fest. Die Fischer schauen arabische Telenovelas, wir unterhalten uns mit Händen und Füßen, mit Schnalzen, Pfeifen und Lachen und warten, dass es losgeht. Wenn man nur will, versteht man sich auch ohne Worte.

Als der Wetterbericht am späten Abend eine Beruhigung vorhersagt, laufen wir aus, doch weit kommen wir nicht. Nach eineinhalb Stunden sind wir wieder zurück am Ausgangspunkt, der Wellengang war doch noch zu stark. Am Dienstag ist es dann schließlich so weit: Das Wetter klart auf, Käpt'n Amir befiehlt: »Leinen los!«, und mit voller Kraft dampft die »Madonna di Pompeji« aus dem Hafen von Marsaxlokk und nimmt Kurs auf die libysche Küste. Ein wundervoller Tag – von dem ich allerdings nicht viel mitbekomme. Erwähnte ich schon, dass ich seekrank werde? Nach nur zehn Minuten auf See gehe ich – wortwörtlich – auf die Bretter. Ich sterbe beziehungsweise fühle mich, als ob ich sterben würde. Liegen ist die einzige Möglichkeit, um weiterzuleben. Kalte Schweißausbrüche, ein benebeltes Hirn – und dann diese Übelkeit! »Es gibt keine Krankheit, die so schnell zu Selbstmordgedanken führt wie die Seekrankheit«, sagte 2010 der österreichische Universitätsprofessor und Allergologe Dr. Rainhard Jarisch in einem Interview mit einem Fachblatt für Medizin. Apathisch liege ich in meiner schmalen Koje. Die Ursachen für dieses spezielle Leiden sind übrigens nach wie vor unbekannt. Dass erstaunlich viele taube Menschen dagegen gefeit zu sein scheinen, führt zu der Vermutung, dass die Seekrankheit etwas mit dem Innenohr zu tun haben könnte. Andere Wissenschaftler vermuten, dass die Histaminkonzentration im Blut verantwortlich ist. Da Histamine durch Vitamin C abgebaut werden, müsste ich demzufolge einfach nur frisches Obst essen, um wieder zu den Lebenden zurückzukehren. Aber das schaffe ich einfach nicht – ich bringe keinen Bissen hinunter.

Mir ist schlecht, ich bin nicht ansprechbar und kraftlos, und der Geruch des frittierten Fisches, der in der Gemeinschaftsküche im Fettbad brutzelt, macht's auch nicht gerade besser. Trockenes Toastbrot, mehr geht beim besten Willen nicht. Einen großartigen Seemann gebe ich gerade ab …

Doch alles Leid hat irgendwann tatsächlich ein Ende. Meine Rückkehr unter die Lebenden wird durch das Drosseln der Geschwindigkeit eingeläutet. Wir haben die von Amir angesteuerten Fischgründe erreicht, und bei langsamer Fahrt spürt man auch den Wellengang viel weniger. Innerhalb kurzer Zeit habe ich meine alte Stabilität zurück.

Doch was kommt, ist kaum angenehmer. Ich habe mal ein Buch gelesen, in dem erinnert sich ein mehrfacher Weltumsegler an seine Reisen. »Es gab wundervolle warme Tage mit Sonnenschein und türkisfarbenem Wasser, meistens aber war es kalt und nass, und ich war ständig übermüdet!« So ist es auch bei den Fischern. Jetzt, da wir die Netze ausbringen können, leben wir im Zweieinhalb-Stunden-Rhythmus: Netze raus, zweieinhalb Stunden fischen, Netze einholen, Fische entladen, Netze wieder ausbringen, Fische sortieren, säubern, einfrieren. Wer schlafen, essen oder einfach mal ausruhen möchte, muss das zwischendurch tun. Wir arbeiten rund um die Uhr, an Bord wird tatsächlich jede Hand gebraucht. »Good fish«, sagt Amir und zeigt auf ein paar an Bord zappelnde Seeteufel, Doraden, Goldbrassen, Shrimps und Tintenfische (die immer wieder versuchen, sich davonzustehlen). Der Rest, kleine Haie, Rochen und eine ganze Reihe anderer Fische, von denen ich nicht einmal weiß, wie sie heißen, sind »bad fish«. Schlecht, weil unverkäuflich. Und das heißt: ab über Bord, zurück ins Wasser. Es ist eine enorme Verschwendung, zumal die meisten der als Beifang rausgeholten Fische durch den Druckabfall beim Hochholen des Netzes bereits verendet sind. Andere Fische überleben das Einziehen zwar, ersticken aber an Deck. Insbesondere die ungefähr 20 cm großen Kleingefleckten Katzenhaie, von denen wir bei jedem Fang Dutzende an Bord holen, kämpfen hartnäckig um ihr Leben. Minutenlang winden sie sich wie verrückt, es ist schrecklich anzusehen. »Rette sie!«, schreit da der Umweltschützer in mir, zumal ihre Überlebenschancen gut sind, wenn man sie rechtzeitig wieder ins Wasser wirft. Wie ein Wiesel hüpfe ich also über Deck und versuche, dem Meer möglichst viele seiner Fische unversehrt zurückzugeben. Natur- und Umweltschutzorganisationen wie der WWF schätzen, dass durch diesen »Beifang« rund 40 Prozent des jährlichen Weltfischfangs verloren gehen. Und den toten Beifang einzusammeln und mitzunehmen? Wäre doch schlau, oder? Vielleicht könnte ein Aquariumsbetreiber ihn als Futter gebrauchen, vielleicht würde ein anderer Fischer ihn kaufen? Geht nicht, ist verboten. Ein Fischer in der EU braucht für jede von ihm gefangene Fischart eine Erlaubnis. Hat er die nicht, darf er den Fisch nicht an Land bringen. Also wirft man ihn weg und tut, als hätten wir noch eine zweite Welt irgendwo in Reserve. (Anmerkung: Inzwischen hat die EU sich der Sache tatsächlich angenommen. Fische dürfen nicht mehr über Bord geworfen werden, sie werden nun zu Futter für Zuchtfische weiterverarbeitet …)

Die Zeit von drei bis sechs Uhr in der Früh ist die härteste. Bei der Marine nennt man das die »Schweinewache«. Alles im Körper ist auf Schlafen eingestellt. Aber es ist faszinierend: Wer, wie ich, aus der Stadt kommt, kennt keine wirklich dunklen Nächte. Irgendwo ist immer Licht, und selbst wer kilometerweit aufs Land zieht, sieht die sogenannte Lichtverschmutzung der Städte und deshalb weniger Sterne. Hier draußen aber herrscht tintenschwarze Nacht mit einem gigantischen Sternenhimmel, auf dem ich problemlos unzählige Sternenbilder entdecken könnte, wenn ich nur mehr als den obligatorischen Großen und Kleinen Wagen kennen würde …

Mit auffrischendem Wind und stärker werdendem Seegang nehmen wir Kurs auf Afrika. Unser Fang ist bisher bescheiden, weil das Mittelmeer, verglichen mit anderen Ozeanen, einfach zu klein, zu warm, zu salzig, nicht nahrhaft genug und deshalb zu fischarm ist. Amir verspricht sich vor der Küste Libyens mehr Erfolg. Dort herrschen Tiefenströmungen, die das Wasser kälter und dadurch nährstoffreicher machen. Fische lieben das – hofft der Kapitän.

Das Boot stampft und rollt durch das dunkelblau schimmernde Wasser – und allmählich habe ich meine Seekrankheit im Griff. Der Himmel klart weiter auf, die See ist ruhiger. Vor az-Zawiyya, der lybischen Stadt an der Grenze Tunesiens, nähern wir uns auf 25 Kilometer der Küste. Links und rechts passieren wir die Offshore-Ölplattformen beider Länder. Die gewaltigen Flammen des bei der Förderung anfallenden Gases erleuchten den schwarzen Nachthimmel und verleihen dem Ganzen eine »Herr der Ringe – Willkommen in Mordor«-Stimmung, die auch ein wenig zur Situation passt: Libyen versteht keinen Spaß, wenn ein europäisches Fischerboot seine Grenzen überschreitet. 72 nautische Meilen vor der Küste endet die für uns erlaubte Wirtschaftszone. Und was passiert, wenn Amir sich bei der Navigation um ein paar Meilen verrechnen sollte, das hat bereits 2010 der Kapitän eines italienischen Fischtrawlers zu spüren bekommen. Das Schiff war auf dem Heimweg in seinen sizilianischen Heimathafen, als plötzlich ein libysches Schnellboot auftauchte, den Kapitän über Funk zum Beidrehen aufforderte und schließlich das Feuer eröffnete. »Plötzlich peitschten Maschinengewehrsalven durch die Luft, Kugeln schlugen an Deck ein. Wir konnten gerade noch in Deckung gehen und überlebten – wie durch ein Wunder unverletzt«, sagte der Kapitän später in einem Interview. Das war aber noch unter Gaddafi …

Doch Amirs Rechnung geht auf: Die Netze sind vor der libyschen Küste zwei- bis dreimal so voll. Zwischen dem Ausbringen und dem Einholen bleibt kaum noch Zeit zum Schlafen, geschweige denn für die bei der Besatzung so beliebten arabischen Telenovelas, die unter Deck ständig auf einem alten Computer laufen. Sortieren, putzen, einfrieren. Die Nacht ist klar, keine Wolke ist mehr am Horizont, absolute Windstille, das Meer glatt wie ein Spiegel. Die gesamte Crew schläft, bis auf einen, der auf der Brücke Wache hält. Ich denke zurück an das vergangene Jahr, in dem ich diese Reise sorgfältig vorbereitet habe. Und nun bin ich hier, allein auf der Hochsee, mitten in der Nacht, auf einem 24 Meter langen Schiff mit sechs Ägyptern, die kaum Englisch sprechen, ohne Handy- oder Internetempfang. Erst allmählich werden mir die Verrücktheit und Einzigartigkeit meiner Situation bewusst.

Und dann, als wäre das alles nicht schon schön genug, passiert im Morgengrauen das für mich Unfassbare: Delfine und Thunfische! Blitzschnell schießen sie direkt unter der durchsichtigen Meeresoberfläche entlang, um sich ihren Teil am Fang zu sichern. Flipper, seine ganze Familie – und ein großer Schwarm lebendes Sushi! Für die Fischer ist das Routine, für mich aber: einfach magisch. Es gibt kein anderes Wort, um dieses Bild zu beschreiben. Und weil Freude ansteckt, ist die Besatzung gern bereit, ein paar Sardinen zu opfern, damit ich mir den Spaß gönnen kann, sie an die Delfine zu verfüttern.

Seekrank bin ich mittlerweile nicht mehr, wirklich bedauere ich es aber nicht, als das Wetter wieder schlechter wird und wir deshalb unseren erfolgreichen »Fischzug« vorzeitig abbrechen müssen. Die Heimreise dauert knappe 24 Stunden, die ich größtenteils damit verbringe, mich an verschiedene Objekte zu klammern, um nicht durchs Schiff geschleudert zu werden. Selbst in meiner Koje muss ich mich festklammern. Wie fühlen sich wohl die Flüchtlinge, die von hier aus in winzigen Booten versuchen, nach Europa zu kommen?

Sonntag, kurz nach Mitternacht, erreichen wir den Hafen von Malta. Alle sind müde, alle kaputt. Das im Vorschiff verteilte Brot ist durch die ständige Feuchtigkeit leicht schimmelig, dafür gibt es nun reichlich Fisch. Schlafen können wir nicht lange. Schon um sechs müssen alle wieder an Deck stehen, um den Fisch zu entladen und für den Export nach Zypern vorzubereiten. Nur ein kleiner Teil wird auf dem lokalen Markt verkauft. Und dann muss natürlich auch ich zum Flughafen, da auf Zypern schon mein nächster Job auf mich wartet – ich werde mich als Mitarbeiter im Fremdenverkehrsamt versuchen. Kurzer Nebengag: Es gibt nur einen Flug nach Zypern. Ich werde also gemeinsam mit den von mir aus dem Netz geholten Fischen fliegen.

Malta war eine seltsam interessante Insel und der Beruf des Fischers ein guter Einstieg in mein Jobhopping. Sicher kein Vergleich mit den Bedingungen vor der Küste Norwegens oder im Atlantik, aber doch eine bereichernde Erfahrung. Zum einen weiß ich jetzt, dass ich niemals Fischer werden will – es ist ein knochenharter Job, der auf Dauer zermürbend ist. Zum anderen habe ich zwar kein Wort von dem verstanden, was die Mannschaft den Tag über geredet hat. Aber wir haben zusammen gelacht, Witze gemacht, ich wurde als Besatzungsmitglied voll akzeptiert. Kurz: Ich hatte immer das Gefühl, unter Freunden zu sein. Dafür ein Danke! an alle.

2. ZYPERN

Willkommen im »Berlin« Europas

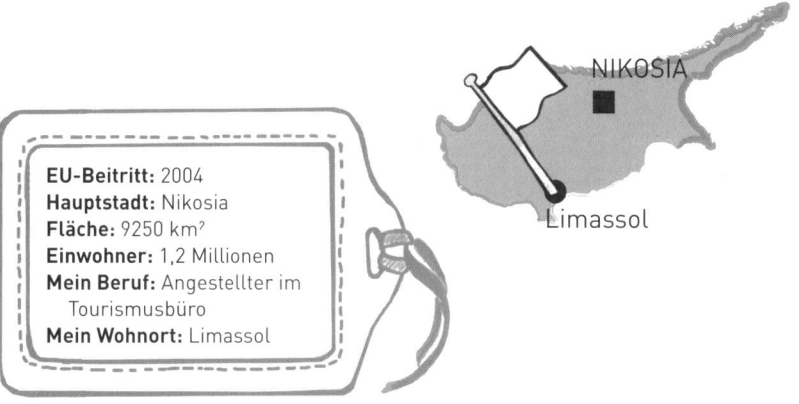

EU-Beitritt: 2004
Hauptstadt: Nikosia
Fläche: 9250 km²
Einwohner: 1,2 Millionen
Mein Beruf: Angestellter im Tourismusbüro
Mein Wohnort: Limassol

NIKOSIA

Limassol

Was haben Zypern und Malta auf den ersten Blick gemeinsam? Man kann vom Flugzeug aus problemlos von einem Ende zum anderen schauen. Da, wo das Wasser beginnt, endet das Staatsgebiet. Die deutsch-belgische oder deutsch-tschechische Grenze habe ich vom Flugzeug aus noch nie ausmachen können. Zypern ist in diesem Fall sogar einzigartig, denn das Land ist zweigeteilt, und man kann aus dem Flugzeug auch das Niemandsland zwischen dem griechischen und dem türkisch besetzten Teil ausmachen.

Tatsächlich ist Zypern mit über 200 Kilometer Länge und 90 Kilometer Breite die drittgrößte aller Mittelmeerinseln. Nur Sizilien und Sardinien sind größer. Knapp 1,2 Millionen Menschen leben hier – und drei von ihnen haben sich bereiterklärt, mich in dem Haus zu beherbergen, in dem sie gemeinsam wohnen. Wie ich das geschafft habe? Couchsurfing – das ist zum einen eine Internetseite (www.couchsurfing.org) und zum anderen auch die Lebenseinstellung einer Netzgemeinde. Geboten wird Gastfreundschaft, und als Lohn winkt für den Gastgeber die Bekanntschaft mit einem hoffentlich interessanten Besucher und seinen Geschichten. Es ist, als würde man zu Freunden von Freunden fahren. Man meldet sich an, erstellt ein Profil und knüpft Verbindungen. Ist man sich via Internet sympathisch – Bingo! Meiner Meinung nach ist Couchsurfing die perfekte Art, ein Land und seine Leute kennenzulernen, sofern man nicht den Luxus und die Anonymität von Hotelzimmern schätzt und im Vorfeld unbedingt wissen will, was einen erwartet. Denn – und das macht den Reiz aus – Couchsurfing ist nicht nur billiger als jedes Hotel, es ist auch immer ein kleines Abenteuer, bei dem man zuvor nicht weiß, was einen am Zielort erwartet.

Auf Zypern lande ich bei Anna, Katherina und Tanja, zwei Ukrainerinnen und einer Russin (so viel zum Thema »Zyprioten besser kennenlernen«). Eigentlich hatten wir per Mail ausgemacht, dass ich nur zwei Tage bleiben würde, doch da wir uns so gut verstehen, bieten sie mir schon nach einigen Minuten an (da waren wir noch nicht mal bei ihnen zu Hause), so lange zu bleiben, wie ich möchte. Kurz darauf sind wir auch schon da: »Das ist unser Wohnzimmer, das ist deine Couch, das ist unsere Terrasse, das ist unsere Pole-Stange …« Von Letzterem war in ihrem Profil sicherlich keine Rede, daran hätte ich mich erinnert! Ich habe schon weitaus schlechtere Überraschungen erlebt. (Nein, die drei sind keine Stripperinnen, zwei von ihnen sind Fitnesslehrerinnen, und die Dritte vergnügte sich zum Spaß an der Stange.) Ich muss diesen eigenwilligen Sport natürlich auch sofort ausprobieren. Weit komme ich allerdings nicht, es ist tatsächlich irrsinnig schwer!

Russisch zu sprechen – so wie Tanja – ist auf Zypern übrigens kein Nachteil, da neben den Touristen vor allem mit einer Nation

Geld verdient wird: mit Russland. 30 000 bis 40 000 Russen leben mittlerweile fest auf der Insel. Es gibt russische Kindergärten und Schulen, und Limassol, die zweitgrößte Stadt auf Zypern, wird von vielen Zyprioten schon sarkastisch als »Limassolgrad« bezeichnet. Ratingagenturen schätzen, dass auf den Konten zyprischer Banken 20 bis 30 Milliarden Euro russisches Privatvermögen schlummern. Tatsache ist, dass mit einer entsprechenden Einlage oder einer Investition in die zypriotische Wirtschaft von mindestens fünf Millionen Euro sowie einem leeren Strafregister die zyprische Staatsbürgerschaft erworben werden kann, auch wenn man gerade erst zugezogen ist. So kann man natürlich auch Europäer werden ...

Doch Schluss mit Politik. Mein Job hier auf der Insel liegt im Tourismusbereich, und morgen früh muss ich mich im Fremdenverkehrsamt in Limassol melden. Meine erste Nacht wieder in einem normalen Bett beziehungsweise auf einem bequemen Sofa. Es fühlt sich wunderbar seltsam an. Nichts schwankt ... Was meine ägyptischen Seemannfreunde jetzt wohl tun?

—•—

»Schon mal vorher hier gewesen?« Ganz schwierige Frage, wenn sie jemandem gestellt wird, der in einer Touristeninformation arbeiten soll. Ich schüttle den Kopf: »Nein, ich bin zum ersten Mal auf Zypern.« »Kein Problem«, entgegnet meine neue Chefin, »dann gibt's jetzt erst einmal eine Sightseeingtour.« So sieht also mein erster Arbeitstag aus: das alte Schloss, die große Moschee, die Markthalle. Die Stadt ist wirklich schön – und weil ich ja zum ersten Mal hier bin, entdecke ich Limassol auch mit Touristenaugen. Als wir um elf Uhr eine orthodoxe Kirche besuchen, bemerke ich, dass das Sonnenlicht sehr schön durch die Kirchenfenster fällt. »Ein guter Fototipp für Touristen«, denke ich mir, »den kann ich später dann weitergeben.« Irgendwann gegen Ende des Vormittags beschließe ich, dass es Zeit ist, mich zu entschuldigen, und zwar bei allen Tourismusbüroangestellten, die ich in meinem bisherigen Leben als reine Infobroschüren- und Stadtplanherausgeber betrachtet habe. Zumindest hier auf Zypern werde ich gerade zum Kollegen einer gestandenen Truppe von Kulturwissenschaftlern, Historikern und Tourismusexperten, denen es ein Leichtes ist, interessante Geschichten über die Insel zu erzählen. Und die braucht es auch, denn seit das Geschäft mit den Banken schlechter läuft, die Reedereibranche lahmt (die Insel belegt auf der Rangliste der weltweit größten Schiffsnationen aber immerhin noch einen stolzen vierten Platz), werden Landwirtschaft und Tourismus immer wichtiger: Knapp drei Millionen »Touris« landen jedes Jahr auf einem der vier Flughäfen der Insel. Vor allem Engländer.

Und das kann ich gut verstehen, denn die Schönheit der Insel ist legendär. Aphrodite, die Göttin der Liebe, der Schönheit und der sinnlichen Begierde, wurde hier der griechischen Mythologie nach geboren. Es gibt viel zu sehen: griechische Tempel, römische Theater, frühchristliche Basiliken, byzantinische Kirchen, Kreuzfahrerburgen, venezianische Festungsanlagen … Etwa 9000 Jahre Geschichte und Weltpolitik versammeln sich auf der Insel, und immer war etwas los. Kein Wunder, dass die Zyprioten empfindlich reagieren, wenn man zu lax mit den Fakten umgeht. Ein Beispiel: die türkische Invasion von 1974.

Zypern liegt geografisch zwischen Asien, Europa und Afrika. Weltpolitisch gesehen, eine Eins-a-Lage, weshalb eine ganze Reihe von Großmächten daran interessiert war, auf Zypern das Sagen zu haben. Ende des 16. Jahrhunderts übernahm das Osmanische Reich die Kontrolle, was zu einer vermehrten türkischen Einwanderung führte, sodass bis 1878 – als Zypern zu einer Kolonie Englands wurde – knapp ein Drittel der Gesamtbevölkerung türkischstämmig war. Griechische und türkische Zyprioten lebten friedlich nicht nur nebeneinander, sondern miteinander. Mit der Zeit und getragen von einer immer beliebter werdenden Selbstbestimmungsbewegung, die insbesondere nach dem 2. Weltkrieg aktiv war, wurde allerdings auch der Ruf nach »*Enosis*« lauter, der »Vereinigung« der mehrheitlich von Griechen bewohnten Territorien mit dem griechischen Staat.

1960 wurde Zypern unabhängig – mit nicht nur guten Folgen. Beide Volksgruppen waren mittlerweile schwer zerstritten, und Ende 1963 kam es zu so schweren Ausschreitungen, dass »Blauhelme« der Vereinten Nationen entsandt wurden, um die Volksgruppen zu trennen, neutrale Gebiete einzurichten und Grenzen zu ziehen. Doch es ging weiter: Die griechischen Zyprioten verhängten über die Gebiete der türkischen Zyprioten ein Wirtschaftsembargo, was dazu führte, dass die »türkischen Zyprioten« plötzlich Not litten.

Als dann griechisch-zypriotische Extremisten – unterstützt durch die Militärjunta, die Griechenland damals regierte – am 15. Juli 1974 einen Staatsstreich verübten, um »*Enosis*« gewaltsam zu verwirklichen, ließ die Antwort der Türkei nur fünf Tage auf sich warten. Im Zuge der »Operation Attila« landeten türkische Soldaten im Norden Zyperns und besetzten 37 Prozent der Insel.

Seither ist die Insel offiziell durch ein von Blauhelmen bewachtes Niemandsland getrennt. Die Wunden sind tief und liegen offen. Ich habe keinen Zyprioten getroffen, mit dem ich im Gespräch nicht irgendwann auf 1974 zurückgekommen wäre. Durften die Türken in Zypern einmarschieren? Ja, so etwas war im Unabhängigkeitsvertrag Zyperns, den die Türkei, Griechenland und England als Garantiemächte unterschrieben hatten, vorgesehen. Selbst die griechischen Zyprioten stellen dies nicht infrage. Durfte die türkische Armee bleiben? Nein, das durfte sie nicht, was auch der Sicherheitsrat der UNO in verschiedenen Resolutionen mehrmals unterstrichen hat. Deswegen wird auch die Türkische Republik Nordzypern nur von einem einzigen Staat anerkannt: der Türkei. Man muss also sehr genau auf die Sprachregelung achten. Touristen, die sich nach Möglichkeiten erkundigen, den »türkischen Teil Zyperns« zu besuchen, werden höflich, aber bestimmt korrigiert: »Sie meinen, den von der türkischen Armee besetzten Teil Zyperns?«

Tatsächlich ist ein Besuch gespenstisch. Wer nach Nikosia fährt, fühlt sich an das frühere Berlin erinnert, denn durch die Stadt führt eine mit Graffitis besprühte Mauer. Und wer durch den Stacheldraht des Niemandslandes hindurchschaut, sieht Einschusslöcher in den Mauern verfallener Häuser und Explosionskrater. Noch gruseliger wird es direkt an der Küste: Das Dorf Famagusta zum Beispiel war früher das Touristenzentrum der Insel. Heute stehen die 70 Hotels dort leer, sie verfallen immer mehr. Ein leuchtend rotes Schild warnt vor einer »verbotenen Zone«. Hinter einem doppelten Zaun patrouillieren Soldaten, von Wachtürmen aus kontrollieren sie die Grenze. Das Betreten des Strandes ist verboten, und im Meer dort darf niemand baden. Seit 2003 sind die Grenzen zwar an einigen Orten offen (eine Bedingung für den EU-Beitritt 2004), an der Teilung aber ändert das nichts.

Viel erfreulicher als die politische Situation ist dagegen die Gastfreundschaft auf Zypern: »Sei nicht überrascht, wenn ein Fremder dich auf der Straße freundlich grüßt«, heißt ein Ratschlag für Touristen. Zwei andere lauten: »Probiere alles, was man dir anbietet« und »Du darfst erst gehen, wenn der Kaffee kalt geworden ist, den man dir serviert hat«.

Essen, reden, miteinander Zeit verbringen. Das ist wichtig auf Zypern. Und man sollte sich darauf einlassen. Ein Mittagessen zum Beispiel kann aus vielen kleinen Gängen bestehen – ein bisschen von jedem zu kosten ist hier Pflicht und beschert einem neue Geschmackserlebnisse. Mit Ziegenkäse zum Beispiel kann man mich eigentlich jagen, aber wenn er dann mit Sesam und Honig gegrillt wird ... lecker! Und von Wein verstehe ich nun wirklich nichts, ich mag ihn nicht mal besonders gern, aber auf einer Inspektionsfahrt mit einem Tourismuskontrolleur probiere ich zum ersten Mal Commandaria-Wein, eine Traube aus einem Anbaugebiet nördlich von Limassol an den südlichen Abhängen des Troodos-Gebirges. Angeblich handelt es sich dabei um den ältesten Wein der Welt. Der Legende nach hat er im 13. Jahrhundert die vom französischen König Philip II. abgehaltene »Schlacht der Weine« gewonnen, den ersten internationalen Weinwettbewerb, der 1224 in einem Gedicht festgehalten wurde. Tatsächlich ist der Wein so gut, dass ich mich später in meiner Heimatstadt Paris aufmache, um eine Weinhandlung zu finden, die ihn führt. Die Suche dauert eine Weile, aber schließlich bin ich erfolgreich. Bei 40 Euro pro Flasche bleibt der zyprische Tropfen allerdings ein Wein für ganz besondere Anlässe.

Die zyprische Gastfreundschaft ist einfach großartig. Am Freitag hat eine meiner drei Gastgeberinnen Geburtstag, und natürlich bin auch ich eingeladen. Ein großartiges Fest, und es wird nicht einfach, danach pünktlich am Flughafen zu stehen. Doch auf nach Spanien!

3. SPANIEN

Heiße Sohlen unter der Sonne

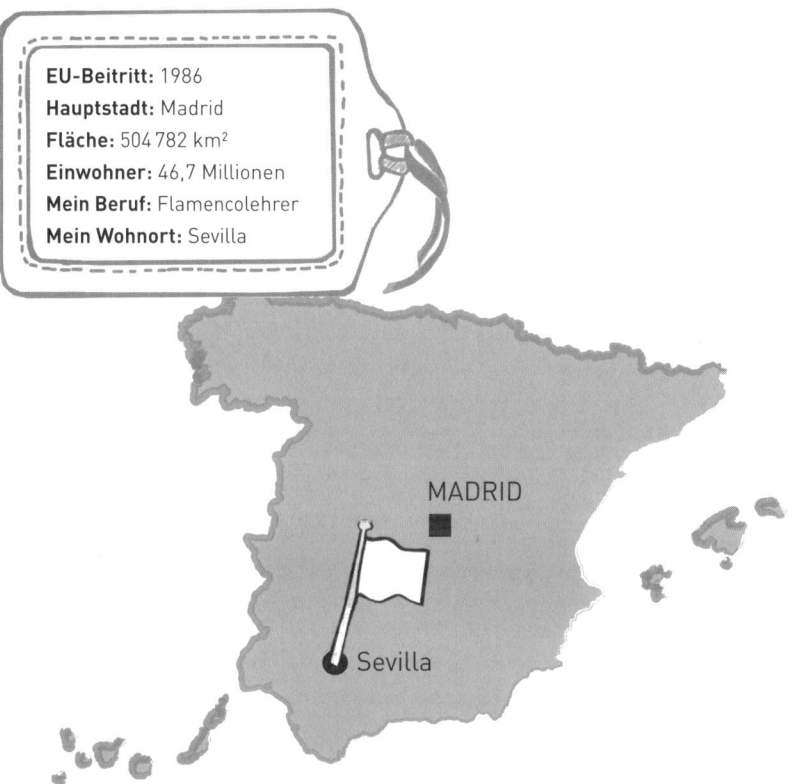

EU-Beitritt: 1986
Hauptstadt: Madrid
Fläche: 504 782 km²
Einwohner: 46,7 Millionen
Mein Beruf: Flamencolehrer
Mein Wohnort: Sevilla

MADRID

Sevilla

»España es diferente!« »Spanien ist anders!« Ein tolles Motto, das sich das Tourismusministerium da ausgedacht hat. Aber ist »anders« auch immer besser? Vor gerade mal einer Stunde bin ich auf dem Flughafen von Málaga gelandet. Rucksack vom Gepäckband geholt, unkontrolliert und eiligst durch den Zoll, ab zur Haltestelle, wo in nur wenigen Minuten der Bus nach Sevilla abfahren soll. Da will ich hin: in die Hauptstadt Andalusiens, zur Wiege des Flamenco.

Doch da ist kein Bus. Und er ist auch noch nicht da gewesen: »10 Minuten Verspätung«, sagt ein ebenfalls wartender Typ. Kein Problem, wir sind hier schließlich in Spanien. In südlichen Staaten geht es ja manchmal ein bisschen lockerer zu, also nur nicht aus der Ruhe kommen. 15 Minuten, okay. 20 Minuten, na ja, jetzt müsste er eigentlich kommen. 30 Minuten: Mein Gott, Spanien, wie wollt ihr so gegen die Klischees ankämpfen? Nach 40 Minuten befallen mich ernste Zweifel, ob es überhaupt einen Bus gibt – und schließlich werfe ich das Handtuch. Ab in die U-Bahn in Richtung Innenstadt und zum Zentralbahnhof. Frage am Schalter: »Wo ist denn der Bus geblieben, der vom Flughafen nach Sevilla fahren sollte?« Antwort: »Ach, der war voll, und da dachte der Fahrer sich, dass es ja keinen Sinn macht, am Flughafen zu halten. War ja eh kein Platz mehr …« »AHHHHH, SPANIEN!!!«

Doch sonst: großartig! Sevilla: knapp 3000 Sonnenstunden im Jahr bei einer Jahresdurchschnittstemperatur von 19,2 Grad, durchschnittliche Höchsttemperatur im Sommer: 36 Grad Celsius – die heißeste Stadt Europas! Ganz bestimmt auch eine der schönsten. Die Geschichte Spaniens ist an fast jeder Ecke präsent, buchstäblich in Stein gemeißelt. Mehr als 800 Jahre wurde Andalusien von Arabern beherrscht – es ist der letzte Teil Spaniens, der durch die Katholischen Könige während der »Reconquista« von den Arabern »zurückerobert« wurde. Anstatt die Fremden jedoch aus Andalusien zu verscheuchen, erlaubten sie ihnen zu bleiben. Und mehr noch, die Sieger übernahmen sogar Teile der Kultur der Verlierer und integrierten sie in ihre eigene. Die Architektur, die sich daraus entwickelte, ist atemberaubend schön. Westliche Bauart mit arabischen Elementen und umgekehrt. Oder vielleicht eine ganz neue Stilrichtung? Jedenfalls ist es ein Paradebeispiel dafür, dass der Kulturmix ein Gewinn ist, kein Verlust und dass eins plus eins auch mehr als zwei sein kann.

So, Architektur schön und gut, zunächst einmal aber muss ich eine Unterkunft finden. Denn als Couchsurfer bin ich erst ab morgen untergebracht. Heute muss es noch ein Hotel sein, was vielleicht gar nicht so schlecht ist, denn auf meinen neuen Job muss ich mich tatsächlich ziemlich gut vorbereiten: Flamencolehrer!

Wie bitte? Flamenco? Dieser typisch andalusische Tanz, bei dem die Männer zu einem für nichtspanische Ohren schwer verständlichen Klagegesang in hochhackigen Schuhen mit den Absätzen stampfen und die Frauen rote, gerüschte Kleider tragen? Ja, genau dieser Flamenco. Ein durch Schritte gebändigter Sinnesausbruch, bei dem es oft um Leid, Verzweiflung und die Tristesse der Existenz geht. Und das Beste: Ich habe (noch) nie Flamenco getanzt. Flamenco ist 2010 von der UNESCO – also der »United Nations Educational, Scientific and Cultural Organization«, auf Deutsch »Organisation der Vereinten Nationen für Erziehung, Wissenschaft und Kultur« – zum immateriellen Kulturerbe der Menschheit erklärt worden. Außer Stierkämpfer zu werden – was ich grauenhaft fände –, hätte es für mich in Spanien also gar keinen anderen Job gegeben. Na ja, der Concurso de Recortes vielleicht: die tierfreundliche Version des Stierkampfes. Die Stiere werden nie berührt, gepiekst, gestochen oder sonst was, und später springt man lediglich über sie rüber. Aber so mutig (und leichtsinnig) bin ich dann doch nicht, dass ich mit einem Stier Bockspringen spiele!

Und genau das habe ich auch Carmen de Torres erklärt, einer professionellen Tänzerin, die 20 Jahre lang in Kanada gelebt hat und einen Großteil der vergangenen Jahrzehnte mit einer eigenen Flamencogruppe durch die Welt tourte. »Dann komm vorbei, zeig, was du kannst. Wenn es gut klappt, kannst du am Ende der Woche ein paar Stunden unterrichten.«

Ich bin ganz guter Dinge. Takt, Rhythmus und Geschwindigkeit, darauf kommt es technisch an beim Flamenco. Beides habe ich, denn – und hier kommt ein zweites Geständnis – ich liebe und spiele seit vielen Jahren in einer Sambaband. Rhythmus ist »mein Ding«! Und allzu ungeschickt bin ich mit meinem Körper auch nicht. Eine Erfolgsgarantie ist meine Sambaerfahrung aber noch lange nicht. Entweder es passt, ich lerne schnell genug und kann dann einen Unterricht leiten, oder ich blamiere mich, und die Woche endet mit einem Fiasko.

Auf jeden Fall zeige ich Carmen de Torres, was ich drauf habe, nachdem ich am Mittag des nächsten Tages meine beiden Couchsurfing-Gastgeber Alex und Angela aufgesucht und meine Couch bezogen habe. Alex ist Franzose, Angela kommt aus Ecuador, und beide sind modisch wie musikalisch echte Hard-Rock- und Metall-Menschen. Überhaupt nicht meine Musik, außerdem könnte der Unterschied zum Flamenco wohl nicht krasser sein … Umso mehr Grund, zu ihnen zu gehen! Gegensätze können bereichernd sein.

Mit Alex' Fahrrad flitze ich in die nur fünf Minuten entfernte Flamencoschule und komme pünktlich zum Beginn der »Zwergenstunde«. Alle Schüler sind unter sieben Jahre alt – und ich mittendrin. Es ist, als ginge ich für 60 Minuten wieder in den Kindergarten. Danach ist Schluss mit lustig. Zwei Stunden Fortgeschrittenenklasse stehen noch auf dem Programm. Sprich: Alle tanzen seit mindestens fünf Jahren – und ich habe noch nicht mal Flamencoschuhe. Die Dinger braucht man nämlich, denn sie sind stabiler als andere Schuhe, haben einen Holzabsatz und sind an der Spitze und am Absatz genagelt. Man kann mit ihnen gleiten und wundervolle Klackergeräusche erzeugen. Ohne die richtigen Schuhe sind die Schritte viel schwerer auszuführen. Und es ist ja nicht so, dass die Beinarbeit beim Flamenco nicht auch mit den passenden Schuhen schon in die Knochen gehen würde … Andererseits hört man mich – und besonders meine Fehler – mit meinen Turnschuhen weitaus weniger, was auch nicht schlecht ist.

Zu meinem großen Erstaunen kriege ich es aber irgendwie hin, und nach drei anstrengenden Stunden bekomme ich dann doch ein Lob von Carmen: »No eres torpe!« Nicht ungeschickt, der Mann in den Turnschuhen. Jubel! Zwar habe ich mich nur auf die Füße konzentriert und den Rest des Körpers erst einmal außen vor gelassen, doch die Blamage rückt vorerst in weite Ferne …

Am nächsten Tag geht es weiter. Carmen hat mir ein paar Flamencoschuhe geliehen, und langsam beginnt die Sache flüssig zu laufen. Morgens eine Stunde, abends zwei. Aufwärmen, Technik, Tanz. Je länger es geht, desto sicherer werde ich. Hingen die Arme zu Beginn noch hilflos am Körper, bringe ich ihre Bewegung nach und nach mit den Tanzschritten zusammen – und mit einem Mal habe ich den Dreh tatsächlich raus. Halbwegs zumindest. Für meine Ansprüche bin ich jedenfalls gut genug. Es macht Spaß, und ich bekomme sogar ein Lob – wenn ich auch nicht behaupten kann, dass ich dem Flamenco inhaltlich wirklich nahe bin. Wahrscheinlich muss man mit dieser Musik aufgewachsen sein, um sich in ihr zu verlieren. Wenn der Funke übergesprungen ist, ist es wohl eine eigene Welt. Im schwermütigen Gesang geht es um Leid, Verzweiflung, Verfolgung, unglückliche Liebe und ähnlich unerfreuliche Dinge. Vielleicht ist der belgische Sänger Stromae – der auch schon die deutschen Charts gestürmt hat – nur ein verunglückter Flamencosänger. Er singt hauptsächlich von Leid und Verzweiflung, väterlichen Vernachlässigungen und anderen depressiven Themen, nur halt auf einem Elektrobeat. Der Tanz kam erst irgendwann Anfang des 19. Jahrhunderts auf. Zunächst tanzten nur die Männer, später auch die Frauen. Die Fußtechnik ist wichtig, die Schritte sind kompliziert, Schnelligkeit ist Trumpf. Der schnellste Flamencotänzer der Welt ist übrigens ein in Mönchengladbach arbeitender Koch, dessen Hacken in einer Minute genau 884-Mal »geklackt« haben. Das sind 15 Schritte pro Sekunde!

Untermalt wird das alles von einem rhythmisch abwechslungsreichen Klatschen. Ganz zum Schluss kam die musikalische Begleitung dazu, und die spielt im klassischen Flamenco noch heute eine ziemlich untergeordnete Rolle. Die Sänger sind die Helden – auch wenn sie für ungeübte, nur an moderne Musik gewöhnte Ohren (wie meine) allesamt gleich klingen. Nämlich so, als würde man einem Gockel den Hals umdrehen. Für die »Aficionados« – also die von der Sache besessenen Fachleute – sind die Sänger gefeierte Stars. Einer der berühmtesten war »Camarón de la Isla«. Als er 1992 im Alter von nur 42 Jahren starb, wurde sein Sarg durch seine Heimatstadt San Fernando in Andalusien getragen – und etwa 100 000 Menschen folgten ihm. Das schafft heute höchstens Michael Jackson …

Die Woche geht zu Ende, der große Tag ist da: Ich soll heute den Unterricht übernehmen. Nervös? Bin ich, natürlich. Gut vorbereitet? Ja, auch das. Carmen hat mir zuvor die neuen Schritte gezeigt, die ich dann zu Hause geübt habe. Außerdem ist das Fernsehen da. Denn weil ich mich irgendwie bei Carmen bedanken will, habe ich einfach beim lokalen Fernsehen angerufen. »Deutschfranzose wird Flamencolehrer in Sevilla? Klingt gut, wir kommen vorbei.« So einfach kann es gehen, und ein bisschen Werbung für die Tanzschule kann nie schaden.

Unterrichten ist schwieriger: erklären, zeigen, Übungen vormachen, noch mal erklären, noch mal zeigen, wieder und wieder. Ist man das gewohnt, fällt es leicht, ist man neu im Job, verliert man schnell den Überblick, vor allem wenn man zwischendurch dem Filmteam noch ein Interview geben muss. Trotzdem klappt es eigentlich ganz gut, auch wenn der neue Teil eher technisch ist. Er beinhaltet einen etwas komplizierten Schritt und zwei Pausen. Nichts ist einfacher als eine Pause: Es gibt nichts zu tun, man bleibt wie eingefroren stehen. Man muss nur wissen, wann es wieder losgeht. Wer rhythmisch begabt ist, machte es instinktiv richtig, für die anderen sind die Pausen etwas (für einige sogar viel, viel) schwerer.

Ich bin stolz. Es war eine echte Herausforderung, ich habe sie angenommen und gemeistert. Besser noch, ich bekomme von Carmen ein letztes Kompliment: »Du könntest ein professioneller Tänzer werden«, sagt sie und verschweigt höflich den fälligen Zusatz: »Wenn du mehrere Jahre lang jeden Tag ein paar Stunden üben würdest.« Danke, ich freue mich. Aber ganz ehrlich: Auf mich warten noch 30 weitere Jobs. Ob Tänzer am Ende mein Favorit sein wird? Ich glaube eher nicht, es würde Jahre dauern, bis ich meinen Beruf wirklich beherrschte …

4. IRLAND

Elfen, Bier, Tanz und Gesang

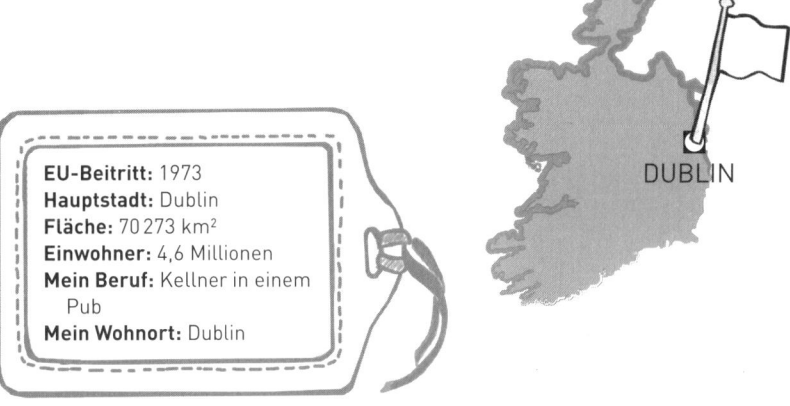

EU-Beitritt: 1973
Hauptstadt: Dublin
Fläche: 70 273 km²
Einwohner: 4,6 Millionen
Mein Beruf: Kellner in einem
  Pub
Mein Wohnort: Dublin

DUBLIN

Preisfrage: Was sagen Ihnen die Namen »Guinness«, »Murphy's«
und »Beamish«? Richtig, irische Biermarken oder, genauer: Stout-
Marken. Tiefdunkles, aus drei verschiedenen Malzarten gebrautes
Schankbier mit einer großen, cremefarbenen Krone und einem etwas geringeren Alkoholgehalt. Und nun eine Zahl: 7500. Was sie
bedeutet? Das ist die ungefähre Anzahl der Pubs, die es in Irland
gibt. Bei nur 4,6 Millionen Iren ist das eine Kneipe auf etwa 600
Einwohner – wohl mehr als in jedem anderen Land der Welt. Es
gab deshalb nur wenig zu überlegen: 33 Jobs in 33 Ländern – in Irland werde ich in einem Pub arbeiten.

Und es wird nicht irgendein Pub, sondern das »The Brazen Head«.
Mit einer Geschichte, die sich bis ins Jahr 1198 zurückverfolgen
lässt, ist es offiziell Irlands ältester Pub. Ein bisschen Überredungs-
kunst allerdings braucht es: Ich rufe mehrfach an, und mehrfach

sagt man mir, ich möge eine Mail schreiben. Nie wird eine beantwortet, und auch auf einen Rückruf warte ich zunächst vergebens. Schließlich setzt sich meine Hartnäckigkeit doch noch durch. »Okay, du kannst kommen. Die Arbeit ist hart, viel Geld gibt's auch nicht, aber du bist willkommen.« Also auf nach Dublin.

Irland gehört zu den frühen Mitgliedern der EU. Es wurde 1973 im Zuge der sogenannten Norderweiterung Teil der Gemeinschaft, und auch wenn es wirtschaftlich langsam anlief, setzte Mitte der 1990er-Jahre plötzlich ein Wirtschaftsboom ein, der dem Land den Spitznamen »Keltischer Tiger« einbrachte. Das ging bis zur weltweiten Finanzkrise 2008, dann geriet Irland finanziell in Schieflage, schlüpfte unter den Rettungsschirm der EU und befindet sich erst jetzt wieder – ganz langsam – auf dem Weg nach oben.

Für meinen neuen Job sind solche Fakten wichtig, denn jeder Wirt in Irland weiß: So richtig gut läuft's nur, wenn die Leute Geld haben. Läuft's nicht gut, geht auch keiner in den Pub, und weil's im Augenblick eben nicht so gut läuft, mussten viele Pubs bereits die Pforten schließen. Auch das »The Brazen Head« hat es nicht leicht. Der Umsatz, der Wertverlust der Immobilie – der Besitzer erzählt mir, dass es nicht sicher sei, ob ein Verkauf des Pubs die ausstehenden Kredite überhaupt tilgen werde. Man muss also weitermachen, zumindest bis die Preise wieder steigen. Ein Glück, dass er sowieso nicht aufhören wollte.

Ist ein Pub in Irland das, was eine Kneipe in Deutschland ist? Nein, dazwischen liegen Welten. Deutsche Kneipen, das sind in der Regel kleine, dunkle und verrauchte Räume, in denen man stundenlang betrübt herumhocken und seinen Kummer ertränken kann. Manchmal kommt Stimmung auf, insgesamt aber geht man hin, um seine Ruhe zu haben. Ganz anders auf der Grünen Insel. In Irland besucht man einen Pub – übrigens die Kurzform von »Public House« –, um Teil der Gemeinschaft zu sein. Um andere Menschen zu treffen, um zu singen, zu essen, Geschichten zu erzählen und welche zu hören. Pubs sind für die Iren eine Art zweites Wohnzimmer und in der Regel sehr viel schöner eingerichtet als die heimischen vier Wände: dunkle Holzvertäfelungen, uriges Mobiliar, knarrender Dielenfußboden. Nicht selten gibt es auch offene Kamine mit gemütlichen Sitzecken. Irische Pubs finden sich deshalb wohl auch weltweit in jeder größeren Stadt. Es ist eine Art Kulturbotschaft: »Hey, kommt rein, nehmt an der Gemeinschaft teil, singt, trinkt und habt Spaß.«

Und das »The Brazen Head« toppt noch einmal alles. Die Fassade gleicht einer alten Schlossmauer, es gibt einen Innenhof mit Kopfsteinpflaster, mehrere große Galeräume … Es heißt, die Iren gingen so oft in den Pub, weil es draußen so viel regnen würde. Das mag ein Klischee sein, aber ich könnte die Iren trotzdem verstehen. Der Empfang im »Brazen Head« ist freundlich. Ich lerne Steven, den Manager, kennen und Maciew, den aus Polen stammenden Barmann. Sie zeigen mir die Räume, stellen mir alle möglichen Fragen über mein Projekt, und schließlich bekomme ich noch eine Einführung in die irische Welt des Bieres. Grundsätzlich ist die Sache ganz einfach: Es gibt »Lager« und »Ale« und »Stout«. »Lager« ist das, was dem deutschen »Pils« am nächsten kommt. Unterschied: In Deutschland muss Bier schäumen, hier schäumt gar nichts. Iren legen beim Lager keinen Wert auf eine Schaumkrone.

Und es gibt »Ale« – und jetzt wird's kompliziert, weil es Ale nämlich in beinahe unzähligen Varianten gibt: Pale Ale, Strong Ale, Bitter Ale (in England das beliebteste Bier, aber dort isst man auch mit Begeisterung Orangenmarmelade und Pommes mit Essig), Mild Ale, Dark Ale … Und wenn man beim Ale alle denkbaren Möglichkeiten durch hat, dann kommt das »Stout«: dunkel, malzig, voller Würze – und es kommt meist aus dem Fass! Früher war es das Bier, das von den Arbeitern im Hafen oder auf den Feldern getrunken wurde, den »Stout Porters«, den kräftigen Trägern.

Stout gibt es in allen möglichen Geschmacksrichtungen, und das berühmteste ist Guinness: das Bier der Iren. 1756 zum ersten Mal gebraut, gilt es heute als die »Muttermilch der Insel«. Und auch wenn man es mittlerweile überall auf der Welt kaufen kann, so heißt es in Irland: »Guinness doesn't travel well.« Im Klartext: Am besten schmeckt Guinness in der Heimat. Den einzig größeren Patzer in meiner einwöchigen »Kellnerkarriere« leiste ich mir übrigens im Zusammenhang mit diesem Nationalgetränk: Ein Gast will ein zweites Bier, schiebt mir sein Glas hin, und ich fülle es. Und noch bevor ich fertig bin, geht das Donnerwetter los: »Was in drei Gottes Namen machst du da?«, ruft Barchef Maciew empört. »Er wollte es so«, sage ich und zeige auf den Gast. »Stimmt, ich wollte es so«, sagt der Gast. »Das ist schon in Ordnung.« »Nein, ist es nicht!«, empört sich Maciew. »Ein Guinness in einem schon benutzten Glas …« Kopfschütteln.

Kellnern macht Spaß, mir zumindest: Man ist ständig beschäftigt, immer passiert irgendetwas. Kunden müssen bedient werden, und wenn man schnell ist, müssen weniger Kunden warten. So kurbelt man den Umsatz an und bessert das Trinkgeld auf. Außerdem steckt der Alltag voller Möglichkeiten für kleine Spiele: Die Getränkekarte auswendig zu können gehört zum Handwerk. Dasselbe gilt für die Speisekarte und die einzelnen Bestandteile des Essens. Sich die Bestellung von neun Leuten im Kopf zu merken ist schon was für Fortgeschrittene. Und ein »Sehr gut!« bekommt, wer gelernt hat, ein Pint Guinness richtig einzuschenken: Das Glas wird im 45-Grad-Winkel unter den Zapfhahn gehalten und bis etwa einen Zentimeter unter den Rand gefüllt. Zwei Minuten stehen lassen, dann bis zum Rand füllen. Es soll nichts überlaufen.

Das Motto: »What goes into the glass stays in the glass.« Was einmal ins Glas kommt, bleibt auch drin.

Das Besondere an den irischen Pubs ist, dass dort in der Regel immer irgendjemand singt oder sonst eine Art der Unterhaltung stattfindet. An dem schönsten Arbeitstag, den ich im »Brazen Head« verbracht habe, es war der Neujahrstag, wurden irische Geschichten erzählt. Würde in Deutschland jemand in der Kneipe aufstehen und aus Grimms Märchen vorlesen, wäre das seltsam und würde höchstens bei japanischen Touristen gut ankommen. Hier auf der Insel aber passt ein Geschichtenerzähler, der von Leprechauns, Elfen, Nymphen und Flussgöttinnen spricht, bestens zur Atmosphäre. Diese »Anderswelt« ist ein fester Teil der keltischen Kultur, auch wenn heute niemand mehr daran glaubt. Die Geschichten haben vor allem pädagogischen Wert. Sie erinnerten die Kinder daran, nicht an gefährliche Orte zu gehen, und die Erwachsenen, dass schlechte Taten Konsequenzen haben. Manche Geschichten dienen auch als Ausrede, um eine durchzechte Nacht im Pub zu erklären. Ein bisschen Aberglauben ist immer mit dabei. So soll es zum Beispiel Unglück bringen, einen Weißdorn zu fällen. Die Iren würden eine gerade Straße sogar in einem Bogen um den Baum herumführen, ehe sie einem Weißdorn Schaden zufügen. Es ist wie bei uns mit »schwarzen Katzen«: Kreuzen sie unseren Weg von links nach rechts, verheißt das Unglück. Warum? Weiß keiner, glaubt keiner dran, ist aber besser, wenn es einem nicht passiert.

Sonntag ist mein letzter Tag. Ich arbeite noch, anschließend teile ich mir mit zwei Kunden des Pubs ein Taxi zum Flughafen. Es war eine schöne Woche. Die Arbeit hat sehr viel Spaß gemacht, und ich habe eine Menge netter Menschen getroffen und viel gelernt: dass es nicht möglich ist, einen Gast nur aufgrund seines Verhaltens einer Nation zuzuordnen, dass man Gäste sanft dazu bringen kann, mehr zu trinken und mehr Trinkgeld zu geben. Und außerdem weiß ich jetzt, wie man ein Pint Guinness zapft. »You're a natural!«, sagt mein Chef und meint damit wohl meine Fähigkeiten als Kellner im Allgemeinen oder mein Geschick am Zapfhahn im Besonderen. Außerdem merke ich, dass es mir nach mittlerweile vier Wochen und vier verschiedenen Jobs leichter fällt, mich auf Dinge einzulassen, die ich nicht studiert und für die ich auch sonst keine Kenntnisse erworben habe.

Ob ich mir vorstellen könnte, selbst einen Pub zu eröffnen? Schwierige Frage: »Wer nichts wird, wird Wirt«, heißt es in Deutschland. Kein Spruch könnte falscher sein. Ein guter Wirt ist Kaufmann, Personalmanager, Animateur, Innenarchitekt und Gastgeber in einer Person. Interessant ist der Job also allemal, insbesondere in einem Pub, in dem die Post abgeht. Nur die Arbeitszeiten sind … na ja, nicht so toll. Man arbeitet immer nur dann, wenn alle anderen gerade frei haben. Ab und zu würde ich aber dennoch gern in einer Bar arbeiten. Aber ständig? Zwei bis drei Jahre könnte ich mir das vorstellen, danach aber wäre Schluss.

5. LUXEMBURG

Durchfahrtsland mit vielen Sprachen

EU-Beitritt: Gründungsmitglied (1952)
Hauptstadt: Luxemburg
Fläche: 2586 km²
Einwohner: 550 000
Mein Beruf: Immobilienmakler
Mein Wohnort: Thionville, Frankreich

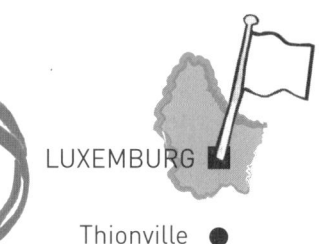

LUXEMBURG

Thionville ●

Luxemburg? Wo liegt das Land? »Ähhmmm, irgendwo in der Nähe der Schweiz oder?« Nein. Das ist Liechtenstein. Luxemburg ist das nach Malta zweitkleinste Land der EU, hat gerade einmal die Fläche des Saarlands und wird umringt von Deutschland, Frankreich und Belgien. Es war schon immer ein Durchfahrtsland, weshalb sich eigenständige Bräuche und Sitten kaum entwickeln konnten. Dennoch (oder gerade deshalb) ist das Land in gewisser Weise einzigartig: Zum Beispiel ist jeder Luxemburger mehrsprachig, und jeder Zweite spricht sogar vier Sprachen fließend. Deutsch und Französisch sind ein Muss, außerdem sprechen die meisten Englisch. Dazu kommt noch »Lëtzebuergesch«, wobei es sich offiziell um eine »moselfränkische Sprachvarietät des Westmitteldeutschen« handelt, für viele ist es aber einfach nur eine Ausrede, um Deutsch mit einem starken Akzent und gespickt mit französischen Wörtern zu sprechen. Ich halte natürlich an der ersten Formulierung fest. Aus purer Feigheit, um es mir nicht mit meinen luxemburgischen Freunden zu verscherzen.

Etwas mehr als 40 Prozent der in Luxemburg lebenden Menschen sind Ausländer. Das ist EU-Rekord. Allerdings nicht der einzige: Denn so klein das Land, so groß ist die Wirtschaftsleistung. Auf der Weltrangliste der Länder mit dem höchsten Bruttoinlandsprodukt rangiert Luxemburg laut Internationalem Währungsfonds mit rund 110 000 US-Dollar seit Jahren auf Platz eins. Zum Vergleich: Deutschland belegt mit 45 000 US-Dollar »nur« Platz 18. Das heißt nun nicht, dass alle Luxemburger stinkreich sind. Das Leben hier ist teurer als in Deutschland, vor allem aber wird rund die Hälfte der Wirtschaftsleistung von Pendlern erwirtschaftet. Trotzdem geht es den meisten Luxemburgern ganz gut, und wer etwas Geld hat, der will natürlich auch schön wohnen. Da liegt meine Berufswahl doch klar auf der Hand, oder? Immobilienmakler: ein Job, in dem man ständig Vorurteilen begegnet. Es beginnt mit dem schwer durchschaubaren »Maklersprech« (was bedeutet es, wenn ein Makler schreibt, eine Immobilie sei »weitestgehend im Originalzustand«? Richtig, da wird noch mit Kohle geheizt!) und endet bei der Meinung der meisten Kunden, dass Makler für »das bisschen Arbeit« unverschämt hohe Courtagen verdienen.

Stimmt das? Um das herauszufinden, telefoniere ich mit der Firma »Laforet Immobilier«, einer Franchise-Immobilienagentur mit über 800 Niederlassungen allein in Frankreich. Auch in Luxemburg gibt es ein paar Filialen – und in einer bin ich willkommen. »Weil jemand, der Biss hat und sich reinhängt, bei uns immer eine Chance bekommt«, wie mir am Telefon vermittelt wird. Berufserfahrung? Die brauche ich nicht, heißt es. In den Job arbeite man sich hinein. Die Besitzerin von »Laforet Immobilier« war zum Beispiel gelernte Küchenchefin. Aber ihr Laden brummt: Es ist nicht nur die erfolgreichste Filiale des (kleinen) Landes, sondern auch eine der erfolgreichsten in Europa.

Um Immobilien zu verkaufen, braucht man Interessenten. Aber wo finde ich die? »Hier hast du eine Liste von Kunden, mit denen wir schon im Gespräch waren, zu denen der Kontakt aber eingeschlafen ist«, sagt mir eine meiner drei – selbstverständlich nicht aus Luxemburg stammenden – Kolleginnen, reicht mir ein paar Bögen Papier und zeigt auf das Telefon auf meinem Schreibtisch. So sieht in den nächsten Tagen nun meine Arbeit aus: »Bonjour, Madame …« »Guten Tag, ich rufe von der Agentur Laforet an, wir hatten vor einigen Monaten schon mal Kontakt …« »Sagen Sie, sind Sie noch auf der Suche?« »Oh, noch nichts gefunden? Dann können wir Ihnen vielleicht helfen …«

Der Immobilienmarkt in Luxemburg ist seit der Weltwirtschaftskrise schwierig, Banken geben weniger Kredite, die Käufer selbst sind vorsichtiger geworden, die Verkäufer wollen im Preis nicht nachgeben. Im Ausland sind Immobilien erschwinglicher, weshalb viele Luxemburger nach Deutschland, Frankreich oder Belgien ziehen. Rund 160 000 »Grenzgänger« pendeln schon heute täglich aus Rheinland-Pfalz, dem Saarland, Lothringen und dem Südostzipfel Belgiens nach Luxemburg, um ins Büro zu kommen. Ich gehöre auch dazu, denn meine Couchsurfingbemühungen geben diesmal keinen Platz im Land her. Mein Sofa steht stattdessen in Thionville, 30 Kilometer südlich, in Lothringen. Kein Ort, den man zweimal besuchen muss. Fahrzeit pro Strecke: etwa 45 Minuten, Staus nicht mit eingeschlossen.

Die Woche vergeht mit Bürokram. Telefonieren, Angebote raussuchen, wieder telefonieren, Vorschläge unterbreiten, warten. Und plötzlich – manchmal braucht man einfach Glück – sagt eine der von mir angerufenen Kundinnen: »Ja, ich suche noch immer, jetzt aber kein Haus, sondern eine Wohnung.« Und ich habe gerade das passende Objekt an der Hand! Die Immobilie liegt in Esch-sur-Alzette, die Größe, die Preisvorstellung, alles passt! Könnte es sein, dass ich meine Karriere als Immobilienmakler mit einem Verkauf abschließe? »Ich kann entweder am Samstag oder aber nächste Woche zur Besichtigung kommen«, sagt die Kundin. Nächste Woche? Kurz überlegen: Da werde ich schon in der Schweiz sein. Also Samstag. Ein Immobilienmakler zählt keine Stunden und arbeitet auch am Wochenende – es winkt schließlich eine Verkaufskommission!

Esch-sur-Alzette ist eine kleine Gemeinde im Süden des Großherzogtums und mit rund 33 000 Einwohnern gleichzeitig die zweitgrößte Stadt Luxemburgs. Stahl spielte hier immer eine Rolle, deshalb lebten früher vor allem die Arbeiter aus den Bergwerken im Ort. Heute hat sich das Bild sehr gewandelt. Die Stadt ist multikulturell und jung, nur 15 Prozent der Einwohner sind Senioren. Passend zur Altersstruktur der Bewohner stehen bei den Stadtvätern die Themen Wohnen, Schule und Ganztagsbetreuung ganz weit oben. Und so besichtige ich am Samstag mit »meiner« Kundin und ihrer Tochter eine kleine Wohnung im Studentenviertel. Außer mir sind selbstverständlich noch eine Immobilienmaklerin von der Agentur dabei und zudem die beiden jetzigen Bewohner der Wohnung. Es wird also ganz schön voll in der Bude.

Ob die Interessentin die Wohnung letztlich genommen hat, weiß ich leider nicht, da ich direkt nach der Besichtigung zum Bahnhof und in Richtung Schweiz aufbrechen musste.

Meine Entdeckungswoche als Immobilienmakler aber hat mir gefallen. Man braucht ein Auge für Immobilien, mehr aber noch ein Händchen für die Kunden. Ich habe von den drei Damen in der Agentur viel gelernt, unter anderem wie man eine gute und freundliche Büroatmosphäre schafft. Ich habe, ehrlich gesagt, zuvor noch nie ein Team gesehen, in dem die Arbeitsstimmung so gut war. Von wegen Haifischbecken … meine Kolleginnen haben alle Vorurteile widerlegt, die ich über diesen Beruf und die Immobilienmakler vorher hatte. Vielleicht hatte ich aber auch einfach nur Glück mit meinem Arbeitsplatz …

Jedenfalls habe ich doch hin und wieder insgeheim sehr über einige Kundenfragen zum Immobilienmarkt lächeln müssen: »Sie als Experte, was halten Sie von …?« Ähm … wie soll ich sagen … Ich habe keine Ahnung von Immobilien. Ich habe auch keine Ahnung von Luxemburg. Ich habe dort unter der Woche noch nicht einmal gelebt, sondern ein Grenzgängerleben geführt, als täglicher Immigrant also, der ständig im morgendlichen Stau steckt. Typischer ging es wohl nicht. Aber das konnte ich als »Experte« so ja nicht antworten.

6. SCHWEIZ

Der gute Klang von Berg und Tal

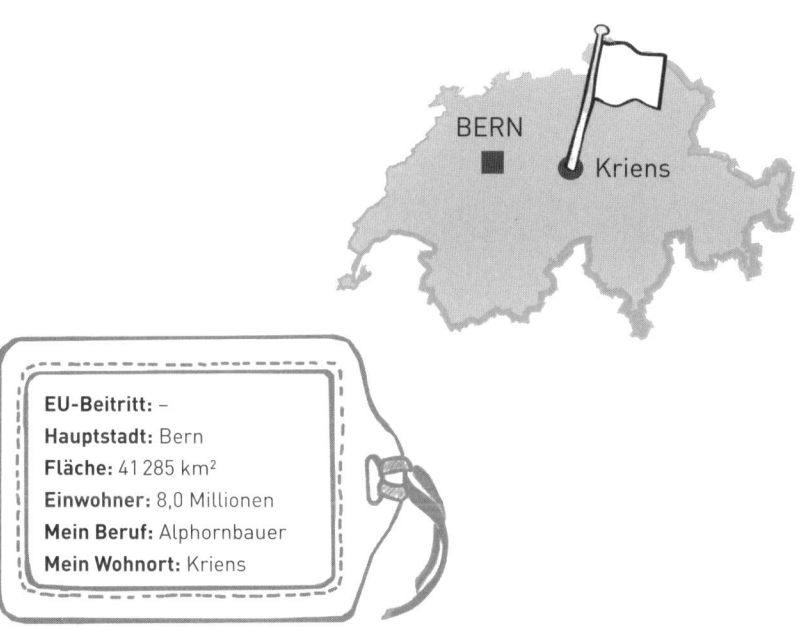

EU-Beitritt: –
Hauptstadt: Bern
Fläche: 41 285 km²
Einwohner: 8,0 Millionen
Mein Beruf: Alphornbauer
Mein Wohnort: Kriens

Denkt man an die Schweiz, dann denkt man an Schokolade, Uhren, Banken, Käse, Taschenmesser, Kuhglocken … na ja, und wenn man ein bisschen länger nachdenkt, dann kommt man auf eines der Schweizer Nationalsymbole, das Alphorn. Lange, tiefe und weit tragende Töne, mit denen sich die Hirten früher von Berg zu Berg verständigt haben und ihre Familien im Tal wissen ließen, dass es ihnen gut geht. Gibt es etwas, das noch mehr »typisch schweizerisch« ist als ein Alpenhorn? Ich denke nicht, und deshalb möchte ich lernen, eines zu bauen.

Über Alphörner weiß ich rein gar nichts. Doch wenn ich schon lernen werde, eines zu bauen, dann zumindest vom Richtigen. »Wer ist der beste Alphornbauer der Welt?«, habe ich einen Händler gefragt. Und die Antwort kam ziemlich spontan: »Der Bärtschi, Tobias!«

Und der ist nicht nur sehr nett, sondern auch meinem Projekt gegenüber aufgeschlossen: »Eine Woche wird für den Bau eines Alphorns nicht reichen«, gibt Tobias Bärtschi am Telefon zu bedenken, »aber du bist natürlich herzlich willkommen.«

Couchsurfing? Kennt Bärtschi nicht, interessiert ihn auch nicht: »Wenn du bei mir arbeitest, kannst du selbstverständlich bei uns wohnen.« Perfekt!

Tobias Bärtschi hat sein Atelier in Kriens, am Fuß des Pilatus, eines Bergmassivs südlich von Luzern. Und von Beruf ist er kein Musikinstrumentenbauer, sondern Kunstschreiner. Zum Alphorn kam er über die Musik: Als Kind lernte er Trompete, noch heute spielt er täglich Posaune oder Alphorn, am liebsten ist ihm Jazz. In seinem Fenster stehen Miniaturalphörner und Sennenfiguren. Holzschnitzereien, in denen das noch heute karge Leben auf den Alpwiesen dargestellt wird. Das Schaufenster funktioniert als Blickfang für alle, die mit der Pilatus-Bahn hinauf in die Berge wollen, und das wollen viele. Denn da oben kann man nicht nur wandern und Ski laufen, da oben gibt es auch die steilste Zahnradbahn der Welt, den größten Kletterpark und die längste Sommerrodelbahn der Schweiz. Nicht selten geht im Atelier deshalb die Tür auf und mit Wanderrucksäcken bepackte Musiker aus aller Welt kommen herein und fragen, ob sie mal in ein Alphorn blasen dürften – und manchmal bestellen sie dann auch eines. Denn der Ton eines Alphorns … Er ist voll und warm, und ihn zu hören hat tatsächlich etwas sehr Beruhigendes. So könnte ich mir Klangtherapie vorstellen. Ganz spontan mitnehmen kann man das Horn allerdings nicht, denn es gibt eine Warteliste. Mindestens sechs Monate. Alphornmusik liegt nämlich, auch wenn das für viele seltsam klingen mag, voll im Trend, und die »Alpenhandys« ertönen schon lange nicht mehr nur am Nationalfeiertag. Vor allem Jazzmusiker, aber auch einzelne Rock- und Popkünstler haben Spaß, das urtümliche Instrument in ihre Bühnenshows und Kompositionen einzubauen. Bärtschi hat seine Hörner deshalb schon in die ganze Welt verschickt, selbst in Russland, Japan und in den USA gibt es »echte Bärtschis«.

Es ist übrigens gar nicht so leicht, aus dem über drei Meter langen Instrument einen Ton herauszubekommen, geschweige denn mehrere gut klingende, wohlgesetzte Töne hintereinander. Wie bei Trompeten, Posaunen und anderen Blechblasinstrumenten ist die richtige Atemtechnik entscheidend. Nur dass es mit dem Alphorn eben schwieriger ist, die richtigen Töne zu treffen. Da es keine Ventile oder Züge gibt, wird die Tonhöhe allein durch die Lippenspannung bestimmt. Je nach Talent des Bläsers sind daher auch nur 12 bis 18 Töne drin. Tobias Bärtschi ist besonders begabt: Er schafft 25!

Total unklar ist übrigens, woher das Alphorn kommt beziehungsweise wer es erfunden hat. Ziemlich sicher aber ist wohl, dass es nicht die Schweizer waren. Einsame Hirten gab es schon immer und auf allen Kontinenten, und lässt man das obere Drittel des Alphorns weg (aus Transportgründen kann man ein Alphorn meistens in drei Teile zerlegen: Handrohr, Besserrohr und Becher), dann hat man ein australisches Didgeridoo. Die Eidgenossen waren eben nur so schlau, das Instrument als Erste zum Nationalinstrument zu erklären. Gutes Marketing!

Mein Job beginnt wie fast jede handwerkliche Ausbildung mit den einfachen Arbeiten: Ich muss ein fast fertiges Alphorn schleifen und polieren. Damit kann man sich bei so einem Alphorn ganz schön lange aufhalten, muss es schließlich aber auch nicht übertreiben. Denn ich soll den Lack zwar polieren, darf ihn aber nicht beschädigen oder das Holz abtragen. Exakt 5 Millimeter soll das Holz später an jeder Stelle des Bechers dick sein, nicht mehr, nicht weniger.

Das Holz, das Tobias Bärtschi verwendet, kommt aus dem Kanton Obwalden. Haselfichte, die auf 1300 und 1500 Meter über dem Meer wächst und sehr langsam getrocknet wird. Faustregel: pro Zentimeter Dicke ein Jahr. Es muss zudem sorgfältig gelagert werden, damit es nicht reißt, und auch im Atelier muss immer dieselbe Luftfeuchtigkeit herrschen.

Das Rohr des Alphorns besteht aus zwei Hälften, die zunächst aus großen Holzklötzen herausgehauen werden. Die Maschinen dafür hat Bärtschi teilweise selbst entworfen und aus Schrottteilen zusammengebaut, denn im Gegensatz zu anderen Herstellern verlaufen seine Kanäle gekrümmt statt gerade. Seiner Meinung nach verbessert das den Klang.

Schleifen, polieren, schleifen, polieren – die Stunden vergehen. Vom Groben zum Feinen, immer wieder von vorn, bis die Lackierung perfekt ist. Das hat fast etwas Meditatives, und weil ich tatsächlich niemals nichts denken kann, komme ich dabei auf allerlei dumme Gedanken: »Kann man sich diesen Arbeitsgang nicht sparen?«, fragt der Ingenieur in mir. »Oder könnte man den Arbeitsgang nicht zumindest optimieren?« Bärtschi hört sich meine Vorschläge zwar belustigt an, verneint aber: Letztlich ist er doch mehr Künstler als Handwerker. Zeit, Liebe und Hingabe sind wichtig. Sicher, für die groben Arbeiten benutzt er Maschinen, wo es aber um Feinheiten geht, da wird Hand angelegt.

Berühmt ist er auch für seine Marketerie auf dem Becher des Horns. Familienwappen, Porträts, Postkartenmotive. Die Kunden sollen ein Unikat mit nach Hause nehmen und können ihre Vorlagen frei wählen. Bärtschi zeichnet das Bild dann zuerst ab, teilt es in bis zu 200 Teile und sägt schließlich die sorgfältig nummerierten Teilchen zu. Dunkles Ebenholz für die Konturen, hellere Hölzer wie Eiche, Nussbaum oder Birne für die Flächen. Zum Beispiel Luzern mit den Museggtürmen, der Seebrücke, dem Pilatus und dem See, in dem sich die Umgebung spiegelt. Alles wird sorgfältig zusammengesetzt, passend gemacht und schließlich unter Dampf gebogen. Eine enorme Geduldsarbeit! 50 Stunden arbeitet er an einem »normalen« Alphorn, das Zwei- oder Dreifache, wenn es darum geht, ein Kunstwerk zu schaffen.

Es ist eine schöne Arbeit. Bei minus zehn Grad Außentemperatur und einem Nebel, der einen vollkommen vergessen lässt, dass die Schweiz fast nur aus Bergen besteht (ich jedenfalls habe keine gesehen), ist es in der Werkstatt fast gemütlich. Und auch außerhalb, denn schnell stellen sich Rituale ein. Das Frühstück fällt in der Regel karg aus, abends aber ist es wie im Schlaraffenland mit an Quantität und Qualität nur schwer zu überbietenden Gerichten aus aller Welt.

Für viele Arbeitsschritte fehlt mir natürlich die Übung, aber beim Einbau der Aussteifungen, der Umwicklung mit Schilfrohr und anderen Maßnahmen, die das Horn wetterfest machen sollen, kann ich durchaus helfen. Außerdem fasziniert es mich, wie das Instrument zusammengesetzt wird.

Es ist wirklich ein schöner Beruf. Ob er etwas für mich wäre? Einen Lehrlingsplatz hätte ich bei Bärtschi garantiert sicher. Aber das Leben ist kurz, und mein Weg wird der Alphornbau wohl doch nicht werden, auch wenn diese Woche viel Spaß gemacht hat und hochinteressant war.

Zum Schluss möchte ich noch wissen, was so ein Alphorn kostet. Schwierige Frage. Wie bei vielem kommt es auch hier auf die Details an. Unter 3500 Franken – grob 3000 Euro – gibt es auf jeden Fall nichts, und wer auf dem Becher gern die Schlüsselszenen aus der Wilhelm-Tell-Sage haben möchte, kann mit dem Doppelten rechnen. »Alles ist möglich«, sagt Meister Bärtschi. Ja, so sind sie wohl, die Schweizer …

7. LIECHTENSTEIN

Ein Land so groß wie eine Kleinstadt

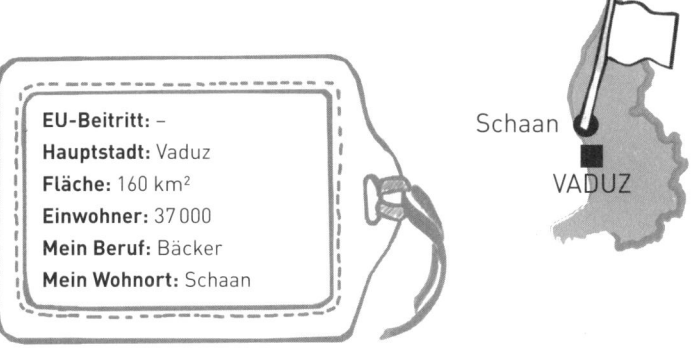

EU-Beitritt: –
Hauptstadt: Vaduz
Fläche: 160 km²
Einwohner: 37 000
Mein Beruf: Bäcker
Mein Wohnort: Schaan

Schaan

VADUZ

»Unglaublich, ich habe Liechtenstein verpasst!« Es gibt ein Land, das ist so klein, man kann per S-Bahn hinein und auch direkt wieder hinausrauschen, bloß weil man zu lange versucht, auf der falschen Seite des Zuges auszusteigen. Nächste Haltestelle: Österreich.

Meine neue Arbeitswoche fängt ja gut an. Vor fünf Minuten habe ich nicht aufgepasst, und nun stehe ich im falschen Land an einem Bahnhof, an dem außer mir kein Mensch zu sehen ist, und weiß nicht, wie ich nach Liechtenstein zurückkommen soll. Außerdem drängt die Zeit, denn um 23.30 Uhr – also in etwa drei Stunden – beginnt mein neuer Job als Bäckerlehrling. Ehrlich gesagt, ist das kein typisch liechtensteinischer Beruf, aber was ist schon typisch liechtensteinisch außer vielleicht Ribel, einem aus Maismehl und Fett zusammengekochten Armeleuteessen aus dem Mittelalter?

Wenn dieses Land – das von der Einwohnerzahl her ungefähr genauso groß ist wie das Städtchen Schwäbisch Hall in Baden Würt-
temberg – für etwas bekannt ist, dann für seinen Finanzsektor.
Während in der benachbarten Schweiz nur ungefähr fünf Prozent
aller Angestellten in diesem Bereich arbeiten, liegt der Anteil in
Liechtenstein dreimal höher, nämlich bei rund 16 Prozent. Das
mag vielleicht daran liegen, dass man als Banker hier seine Kreativität voll entfalten kann, ohne groß darüber reden zu müssen. »Zu
den Standortvorteilen des Finanzplatzes zählen ... traditionell der
hohe Schutz des Privateigentums und der Privatsphäre sowie die
langjährige Erfahrung im Private Banking und Wealth Manage-
ment«, heißt es auf der offiziellen Internetseite des Landes. »Honni
soit qui mal y pense«, sagt man in Frankreich: »Ein Schuft, wer Bö-
ses dabei denkt.« Na ja, bis 2010 wurde Liechtenstein noch auf der
Liste der Steueroasen der OECD (der Organisation für wirtschaftliche Zusammenarbeit und Entwicklung, der 34 führende Indust-
rienationen angehören) geführt. 2013 unterzeichnete das Land ein
internationales Abkommen zur Verhinderung von Steuerflucht.
Man darf gespannt sein, wie konsequent dieses Abkommen am
Ende umgesetzt wird, denn eine Sache wird wohl weiterhin bestehen: die berühmte Diskretion der Liechtensteiner Banken. Diskretion, die mit meiner Neugierde während dieser Reise nur schlecht
vereinbar ist.

Das Bankgewerbe wäre für mich in Liechtenstein also nicht das
Richtige gewesen, und der Beruf des Bäckers ist eine Erinnerung
an meinen österreichischen Großvater, der als Kind Zuckerbäcker
werden wollte. Außerdem ist Liechtenstein wirklich winzig, und
da passt ein lokaler Betrieb sehr gut.

Ob ich den Traum meines Großvaters werde nachvollziehen können? Ich bin mir nicht sicher. Denn Backen hat heute wohl weniger damit zu tun, verträumt in einer gemütlichen Stube zu sitzen

und kunstvoll eine Torte zu verzieren. Wie überall, so gilt auch hier: »Die Masse macht's!« und »frisch gebackenes Brot 24/7«. Das ist zwar unrealistisch, aber die Kunden wollen sich zumindest der Illusion einer ständig lieferbaren, knackig frischen Backware gern hingeben. Der Konkurrenzdruck dabei ist groß, und kann jemand nicht liefern, so findet sich schnell ein anderer, der es tut.

Die Konditorei Gassner, bei der ich arbeiten darf, hatte früher rund 70 Angestellte. Nachdem sich eine Supermarktkette von dem Unternehmen abgewandt hat, sind es heute nur noch 15. Manchmal ist der Markt eben hart.

Hart oder zumindest sehr streng sind auch die Liechtensteiner Einwanderungsregeln. Die Unternehmens- und Einkommenssteuern sind hier im Vergleich zu den Nachbarländern sehr vorteilhaft und somit verlockend. Doch das Fürstentum Liechtenstein, wie es offiziell heißt, hängt an seiner ländlichen Umgebung und möchte auf keinen Fall ein zweites Monaco werden, diese »Fürstentum« genannte, siebzig- bis achtzigmal dichter besiedelte Bausünde im Südosten Frankreichs. Innerhalb des Europäischen Binnenmarktes erhielt Liechtenstein deshalb eine Ausnahmeregelung bezüglich der Personenfreizügigkeit: Wie in allen anderen Ländern des Binnenmarktes darf man dort zwar arbeiten, doch es ist das einzige Land, in dem man nicht leben darf – es sei denn, man ist Liechtensteiner oder man gehört zu den 72 Glücklichen, die jährlich offiziell ins Land gelassen werden. Hinein wollen tatsächlich so viele, dass Liechtenstein das einzige Land Europas ist, das ähnlich wie Amerika für die Hälfte der jährlich genehmigten Einwanderungen (36 also) eine »Tombola« veranstaltet. Und selbst wenn man einer der Glücklichen ist, denen Einlass gewährt wird, so heißt das noch lange nicht, dass man sich in seinem neuen Traumland auch ein kuscheliges Zuhause bauen darf. Bevor in Liechtenstein nämlich ein neues Haus entsteht, muss zunächst einmal ein altes abgerissen werden. Wie gesagt, bloß kein zweites Monaco werden, Landschaft und Lebensqualität gehen vor!

Von meinen Bäckerkollegen hat keiner eine Liechtensteiner Aufenthaltsgenehmigung. Jeden Abend pendeln sie aus Österreich oder der Schweiz hierher und fahren am Morgen wieder zurück. Bis um acht in der Früh dauert die Arbeit. Da es in der Backstube kein Fenster gibt, durch das man in die tiefschwarze Nacht blicken könnte, spüre ich absolut keine Müdigkeit. Zum Schlafen hätte ich sowieso keine Zeit, denn es gibt viel zu tun: 100 Brote, 400 Brötchen, gefühlte 1000 Sandwiches … Es ist eine Arbeit wie am Fließband. Sobald ich mit der einen Sorte fertig bin, kommt auch schon die nächste dran. Leider wiederholt sich alles schnell. Ein Brot zu formen ist zwar nicht so leicht, wie man denkt, hat man den Bogen aber erst einmal raus, wird die Sache schnell langweilig und ein Laib sieht aus wie der andere. Spätestens in der dritten Nacht hat man das Gefühl, alles schon mehr als einmal erlebt zu haben. Eigeninitiative und Kreativität sind nicht unbedingt gefragt, und auch vor Überraschungen oder plötzlichen Herausforderungen ist man normalerweise gefeit. Ich liebe Brot. Ich liebe auch Feingebäck und Torten – solange ich sie nur essen muss.

Was die Arbeit unterhaltsam macht, das sind die Kollegen. Es wird viel geredet und gelacht. Die meisten arbeiten seit Jahren zusammen und nehmen sich gern gegenseitig auf den Arm. Außerdem bleibt bei all der Arbeit noch Zeit für einen kleinen Kulturstreit: Wissen Sie, wie in Liechtenstein, Deutschland und der Schweiz Croissants gebacken werden? Mit nur 20 Prozent Butter, und schon darüber spricht man nicht so gern, »weil die sonst ja niemand mehr kaufen würde«, wie mir Bäckermeister Gassner erklärt. Und in Frankreich? Mindestens 40 Prozent Butter – weniger wäre da ein Fall für den Verbraucherschutz!

Die Herkunft des Croissants ist übrigens umstritten. Haben es die Österreicher erfunden? Einer Legende nach sollen die Bäcker von Wien 1683 verhindert haben, dass die sie belagernden Türken einen Tunnel in die Stadt gruben, und zur Feier des Tages ein neues Brötchen erfunden haben. Ein türkischer Halbmond also als Symbol des Sieges? Andere Kulturforscher vermuten die Ursprünge des Croissants in Holland. Genau weiß es niemand – wobei ich natürlich Franzose bin. Mag sein, dass wir das Croissant nicht erfunden haben, heute aber gehört es uns – und zwar mit 40 Prozent Butter!

8. SLOWENIEN

Mein Kampf gegen den Winter

Ptuj

LJUBLJANA

EU-Beitritt: 2004
Hauptstadt: Ljubljana
Fläche: 20 273 km²
Einwohner: 2,1 Millionen
Mein Beruf: Freiwilliger bei der Kultur-
hauptstadt Europas »Maribor 2012«
Mein Wohnort: Ptuj

»Verdammt!« Das ist in der Regel das erste Wort, das einem ein-
fällt, wenn ein guter Plan nicht klappt. Und ich hatte für diese Woche einen wahnsinnig guten Plan. Ich wollte nach Italien, genauer:
nach Murano, zu einer kleinen Inselgruppe vor Venedig, um dort
in einer Glasbläserei zu arbeiten. Gibt es einen typischeren Beruf
als Glasbläser auf Murano? Meine Anstellung war eigentlich schon
seit sechs Monaten geklärt. Kurz vor der Abreise aber rief der Besitzer der Glasmanufaktur an und sagte mir ab. Kommen könne
ich selbstverständlich, aber leider nur zusehen und nicht mitarbeiten, denn der Rest sei versicherungstechnisch nicht abgedeckt.
Verdammt! Das hätte er mir auch früher sagen können.

Nun habe ich zwei Optionen: Entweder ich pausiere für eine Woche und fahre nach Hause, oder ich finde in Windeseile etwas

Neues. Nach ein paar hastig von mir getätigten Anrufen habe ich Glück. Mit Maribor stellt Slowenien dieses Jahr eine der beiden Kulturhauptstädte Europas, und im Umland finden zahlreiche kulturelle Veranstaltungen statt. Helfer sind da sehr willkommen.

Ich wohne und arbeite in Ptuj, der ältesten Stadt Sloweniens. Im Römischen Reich war Ptuj mit damals 40 000 Einwohnern eine Weltstadt – bis es im Jahre 460 der Hunneninvasion zum Opfer fiel. Auf Deutsch heißt das heute kleine, in Vergessenheit geratene und nunmehr nur noch knapp 24 000 Einwohner zählende Städtchen Pettau. Ein malerischer Ort an der Drau, einem Nebenfluss der Donau, umgeben von großen Feldern und Wäldern, die man zu dieser Jahreszeit kaum sieht, da alles unter einer dicken Schneeschicht begraben liegt. Schnee hier, Schnee dort, Schnee überall, so weit das Auge reicht. Es ist eine moderne Stadt, von der Römerzeit ist leider nichts mehr übrig. Zumindest das Mittelalter hat jedoch Spuren hinterlassen: Der Stadtkern ist gotisch mit Einsprengseln aus der Renaissance und dem Barock, und über allem thront ein Schloss. Das ist schon hübsch ... so wie das ganze Land sehens- und erlebenswert ist. Denn in Slowenien treffen vier große europäische Regionen aufeinander: die Alpen, die etwas flacheren, südeuropäischen Dinarischen Alpen, die Pannonische Tiefebene und das Mittelmeer. Bergsteigen, Skilaufen, am Strand liegen und im Meer baden – in Slowenien geht alles. Sogar Blasmusik, die sich vor keinem Bayern zu verstecken braucht, gibt es hier. Auch kulturell liegt Slowenien offenbar an der Kreuzung verschiedener Einflüsse.

Die Menschen empfinde ich als dementsprechend offen und gastfreundlich. Wo auch immer ich bin, und egal, was ich benötige, oder wann immer ich einen Weg nicht finde, sofort wird mir geholfen. Umgekehrt kann auch ich meine Dienste anbieten: Drei Rock-Pop-Elektro-Konzertnächte hintereinander mit internationalen Bands sollen hier stattfinden. Der Saal muss hergerichtet und nach dem Konzert wieder aufgeräumt werden. Ich stehe am Ticketschalter, am Einlass, an der Garderobe … Es sind viele kleine Aufgaben, die für den guten Ablauf des Großen und Ganzen wichtig sind.

Wenn's ein wenig lauter wird, ist das den Menschen nur recht. Denn Pettau ist, wie Mainz oder Köln, eine Karnevalsstadt. Hier wird der Fasching hochgehalten. Vom 10. bis zum 20. Februar steht alles im Zeichen der Vertreibung des Winters, und das geht nur, wenn ordentlich Krach gemacht wird.

Allein auf die Konzerte und den damit verbundenen Lärm setzt hier aber niemand. Die Hauptwaffe gegen den Winter ist der »Kurent«. Bitte was? Der Kurent ist ein Dämon, der den Winter vertreibt. Er ist eine zottelige Gestalt im Schafspelz mit riesigem Kopf, langer roter Zunge und bunten Blumen zwischen den Hörnern. Er ist der dionysische Gott des ausgelassenen Feierns. Jeder, der sich in ein aus enormen Mengen Schafwolle gefertigtes Yeti-Kostüm steckt (man benötigt sechs Schafe für ein Kostüm), ist ein Kurent. In kleinen Gruppen ziehen die Menschen von morgens bis abends durch die steilen Gassen der Stadt. Um die Körpermitte hat sich jedes der dämonischen Wesen schwere Kuhglocken geschnallt. Mit rhythmischen Hüftschwüngen läutet die Gruppe dann den wilden Tanz ein. Pelzige Arme schwingen Holzkeulen, die Beine stecken in knallroten Strümpfen. Oft kehren die Kurents in die Kneipen der Stadt ein, tanzen und verursachen Lärm, der die bösen Wintergeister vertreiben soll. Selbstverständlich werden sie für diese Mühen von den Wirten belohnt …

Gegen Ende der Woche wird mir das Privileg erteilt, auch Kurent sein zu dürfen. Erfahrungen wie diese sind genau der Grund, warum ich mich entschlossen habe, allein zu reisen, bei Einheimischen zu leben und mit ihnen zu arbeiten: Man integriert sich in das lokale Leben, man lernt Leute kennen, und ehe man sich versieht, sitzt und lacht man mit Saša, Lovro, Brina und all den anderen tollen Menschen, die von Fremden zu Freunden werden. An einigen Orten wurden es schnell recht viele. Wie hier in Ptuj, wo beinahe jeder perfekt Englisch zu sprechen scheint.

Als eine Gruppe Kurents an uns vorbeirauscht, fragt mich Lovro: »Willst du mal eine Kurent-Werkstatt besuchen?« – »Na klar!« Allein in der Fremde muss man manchmal spontane Entscheidungen fällen, wenn man was erleben will. Also springen wir ins Auto und düsen ab in Richtung Werkstatt, die etwas abseits der Stadt liegt.

Ob schon jemals ein Tourist, ein Fremdling wie ich diese Werkstatt betreten hat? Ich weiß es nicht, ahne ihren amüsierten Blicken zufolge aber, dass ich der Erste bin. Eigentlich will ich mir nur die Herstellung der beeindruckenden Kostüme anschauen, doch bevor ich mich versehe, stecke ich schon in einem drin. Momentchen bitte, so war das jetzt nicht geplant! Andererseits, mal was Neues. Also warum nicht?

Auch Lovro bekommt ein Kostüm, und zusammen gehen wir den Winter in der gegenüberliegenden Kneipe verscheuchen, dicht gefolgt von einer weiteren Gruppe aus vier Kurents, die zufällig vorbeikommt. In dieser Kneipe muss wohl besonders viel Winter ausgetrieben werden! Als Kurent beschränkt sich der Handlungsspielraum im Großen und Ganzen auf zwei Aktionen: Entweder man schüttelt sich und scheppert mit den Glocken des Kostüms so laut wie irgend möglich, oder man hüpft zusammen mit den anderen Kurents im Rhythmus auf und ab. Möglichst laut, versteht sich.

Die Show wird dann vom Wirt mit einem »Spritzer« belohnt, einer Weißweinschorle. Diese ist genauso lecker wie wichtig, denn so ein

Kostüm ist nicht nur gefühlt so schwer wie sechs Schafe, sondern auch so mollig warm. Wer den ganzen Tag damit von Bar zu Bar tingelt, verliert literweise Schweiß, den es zu kompensieren gilt.

Ich muss gestehen, was der unwissende Außenstehende als unfassbar lärmenden Humbug abtun könnte, macht einfach nur riesigen Spaß. »Magisch« ist vielleicht wieder einmal ein zu abgegriffenes Wort, und doch drückt es am besten aus, wie großartig, intensiv und unvergesslich dieses Erlebnis für mich war. Mich berührt, dass mir in Pettau – und in diesem Wirtshaus als Kurent – das Gefühl gegeben wurde dazuzugehören. Dabei spielt es keine Rolle, dass ich in der Stadt keine Wurzeln habe und nur kurz hier bin.

Bleibt nur noch die Frage: Hat Kurent, besser, haben die vielen Kurents den Winter tatsächlich besiegt? Schwer zu sagen, wer glaubt schon noch an Dämonen? Tatsache aber ist, dass der Schnee anfing zu schmelzen und dass es mit jedem Tag der Woche spürbar wärmer wurde. Zufall? Vielleicht nicht …

9. GRIECHENLAND

Wühlen im Dreck der Geschichte

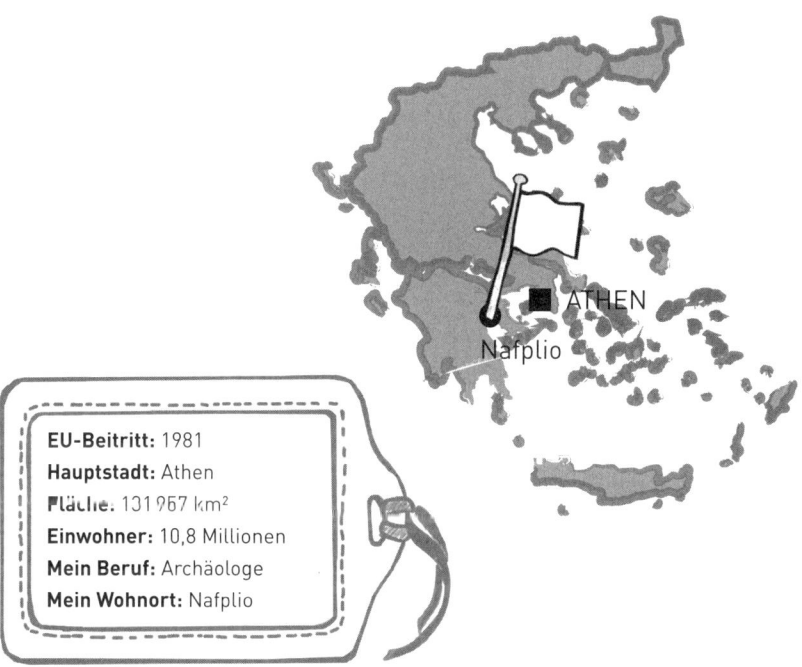

EU-Beitritt: 1981
Hauptstadt: Athen
Fläche: 131 957 km²
Einwohner: 10,8 Millionen
Mein Beruf: Archäologe
Mein Wohnort: Nafplio

»Wie bitte? Sie möchten in Griechenland als Archäologe arbeiten?« Ja, das will ich. Ich will in der Wiege der europäischen Kultur im Schmutz knien und einen alten Tempel entdecken, die Statue eines Gottes ausgraben und mir dabei vorstellen, wie das damals wohl war, als Platon, Aristoteles, Heraklit, Demokrit und all die anderen großen Philosophen auf den Märkten grundlegende Fragen des Seins diskutierten, als die Demokratie erfunden wurde und Sokrates seine philosophische Methode eines strukturierten Dialogs, die Mäeutik, entwickelte.

Doch zunächst muss ich einen Marathon durchstehen, einen Telefonmarathon. In Griechenland jemanden zu finden, der mir offiziell die Erlaubnis erteilen kann, bei Ausgrabungen mitzuwirken, ist nämlich gar nicht so einfach. Es gibt nur eine Anlaufstelle: das griechische Kulturministerium. Meine bewährte Taktik, den Hebel möglichst weit oben, bei einem Entscheidungsträger, anzusetzen, ist hier nicht umsetzbar: Die direkte Durchwahl zum Minister ist selbstverständlich nicht im Internet zu finden. Nur die Auskunft kann ich erreichen. Von da an muss ich mich Schritt für Schritt, hartnäckig Level für Level nach oben durcharbeiten. Bei jedem neuen Ansprechpartner muss ich wieder von vorn beginnen und erzählen, wer ich bin und was ich möchte. Mit einem einfachen »Könnte ich mal Ihren Chef sprechen?« ist es nicht getan. Ich scheine in einer Endlosschleife gefangen zu sein – bis ich plötzlich zur richtigen Person vordringe und die Sache in wenigen Minuten unter Dach und Fach ist.

Und so stehe ich schließlich voller Vorfreude in Athen. Vor etwa 5000 Jahren ist dies die bevölkerungsreichste und flächengrößte Stadt des Landes gewesen – und sie ist es auch heute noch. Nur nicht mehr so strahlend und erhaben: Von den Fassaden der Häuser blättert der Putz ab, der Verkehr ist mörderisch, und weil Strom Geld kostet, wovon die Griechen seit der Finanzkrise nicht mehr so viel haben, heizen die rund 670 000 Einwohner Athens gern mit Holz, weshalb ständig Smog in der Luft hängt. Die Prostitution läuft um den Bahnhof herum auf Hochtouren, und wer durch die engen Gassen geht, der kann sogar beobachten, wie sich Süchtige auf offener Straße eine Spritze setzen. Nicht schön. Und weil es offenbar recht gefährlich ist, diese Straßen zu durchstreifen, ist die Polizeipräsenz gewaltig. Alle paar Meter trifft man auf kleine Polizeitrupps. Ganz ehrlich: auch nicht schön! Vielleicht bin ich aber auch nur zur falschen Zeit am falschen Ort.

Viel gefährlicher für mich ist jedenfalls eine Touristenfalle am Fuße des Akropolis-Berges: Ein alter Mann spricht mich auf Griechisch an. Als ich ihm zu verstehen gebe, dass ich kein Griechisch kann, schaltet er auf Englisch um und beginnt, mir aus seinem Leben zu erzählen. Er ist sympathisch, schlägt vor, dass wir in ein Café gehen. Warum nicht?, denke ich mir. Ich bin ja hier, um Menschen kennenzulernen. Im Café trifft er eine Freundin, sie setzt sich zu uns, er erzählt noch immer, eine weitere Freundin kommt hinzu, und so geht das alles weiter, bis er sich verabschiedet, für sich und eine der Freundinnen bezahlt und ich auf der Rechnung für alle anderen Freundinnen sitzen bleibe. Und die Getränke für die Damen sind seltsamerweise viel teurer als das, was ich getrunken habe. Der Barbesitzer und der alte Mann stecken nämlich mit all den Freundinnen unter einer Decke ... Ganz schön einfallsreich, diese Griechen? Nein, eher bin ich hier ganz schön blöd und blauäugig gewesen. Geschröpft haben sie mich aber nicht: Ich weigere mich zu bezahlen, rufe die Polizei, und die befreit mich dann aus der unangenehmen Situation. Die Beamten kennen ganz offensichtlich den »Cafétrick« schon. Geld habe ich keines verloren, für eine Stadtbesichtigung aber ist jetzt auch keine Zeit mehr.

Mein Arbeitsplatz ist nämlich ganz woanders: in der Nähe von Nafplio, einer kleinen Hafenstadt am Argolischen Golf auf dem Peloponnes. Dort liegt die Franchthi-Höhle, in der die Archäologen bisher nicht nur eine Art steinzeitlichen Friedhof, sondern Tausende von Scherben gefunden haben, die später in einer gewaltigen Puzzlearbeit zu Hunderten von Gefäßen zusammengesetzt wurden. Eigentlich also ein archäologisch interessantes Gebiet. Nicht weit entfernt will ein Grundstücksentwickler allerdings ein Hotel bauen – und das geht in Griechenland nur, wenn vorher abgeklärt wurde, dass da nichts archäologisch Wertvolles in der Erde verborgen liegt.

Also graben wir. Ich nur eine Woche lang, der Rest des siebenköpfigen Teams bereits seit 2006. Ziemlich erfolgreich sogar. So haben die Kollegen im Boden nicht nur ein Olivenölatelier aus der hellenistischen Zeit (3. bis 1. Jahrhundert v. Chr.) entdeckt, sondern auch jede Menge Tonscherben.

Und die finde ich nun auch: Vorsichtig kratze ich in dem mir zugewiesenen Planquadrat den Boden frei. Es ist ein bisschen wie Angeln: Die Spannung liegt darin, dass ganz lange nichts passiert, aber jeden Moment etwas passieren könnte. Wie viele Schätze noch in der Erde Griechenlands verborgen liegen, weiß kein Mensch. Tatsache ist, dass man nicht sehr lange buddeln muss, um wirklich irgendwelche Tonscherben ans Tageslicht zu befördern. Ob sie historisch wertvoll sind oder nicht, muss dann erst geklärt werden, vorhanden aber sind sie auf jeden Fall. Das Problem ist – wie leider fast immer – das Geld. Wird auf einer künftigen Ferienclubanlage gegraben, darf man dem Investor die Rechnung schicken, sonst aber leben Archäologen von der öffentlichen Hand, und die ist, gerade in Griechenland, klamm.

Mit einem Schuldenberg von 175 Prozent, gemessen an der jährlichen Wirtschaftsleistung, ist Griechenland eines der am höchsten verschuldeten Länder der Welt. Niemand in Europa steckt tiefer in der Kreide. Das ohnehin schon schlechte Lohnniveau ist zwischen 2009 und 2013 um 20 Prozent auf durchschnittlich 800 Euro im Monat netto gesunken. Der Mindestlohn für unter 25-Jährige wurde sogar um 30 Prozent gesenkt! Selbst wenn Wohnungen günstig sind, kommen die meisten nur schwer oder gar nicht über die Runden. So kosten Lebensmittel und Benzin genauso viel wie in Deutschland.

Archäologisch gesehen, gibt's in Griechenland viel zu tun, aber weil kein Geld da ist, sind viele Archäologen arbeitslos. In meiner Gruppe jedenfalls bin ich nicht der Einzige, der kein mehrjähriges Studium der Archäologie absolviert hat. Tatsächlich sind alle sechs Gräber in meinem Team angelernte Aushilfskräfte. Der Einzige, der selbst nie zur Schaufel greift, ist der Archäologe.

Stichwort »Schaufel«: Exakt vier mal vier Meter ist das Quadrat groß, das wir an einem Tag mit Spitzhacke, Schaufel, Besen, Spachtel und Pinsel absuchen. Keine ganz leichte Arbeit, jede Unachtsamkeit kann verhängnisvoll sein, denn jahrtausendealte Tonscherben zerbröseln sehr leicht. Man muss höllisch aufpassen: Ist dieser kleine Stein nicht zu rund, zu eckig oder zu scharfkantig? Ist er also von Menschenhand geformt worden? Und hier, hier ist etwas, das aussieht wie … ohh … wie eine Baumwurzel. Es ist auch eine Baumwurzel. Und dann, an meinem letzten Tag, passiert es: Mich packt das Jagdfieber! Plötzlich finde ich eine Scherbe. Sie sieht aus wie das Bruchstück eines Töpfergeschirrs. Gleich darauf finde ich ein zweites Stück, das dem ersten stark ähnelt. Zweifelsfrei stammen die beiden Scherben von der gleichen Vase. Nun noch ein drittes Teil – und dann ist plötzlich Schluss. Ich bin nämlich am Ende meines zugeteilten Stücks angekommen und müsste in einem neuen Planquadrat weitermachen – laut Plan wird das aber erst in zwei Wochen abgesucht. Wenn ich da also wirklich die ersten Teile eines archäologisch wertvollen Blumenkübels ausgegraben habe … na ja, vielleicht taucht mein Name ja in einer kleinen Fußnote auf. Als Entdecker der ersten drei Scherben.

10. BULGARIEN

Vom Glück, dass plötzlich alles anders ist

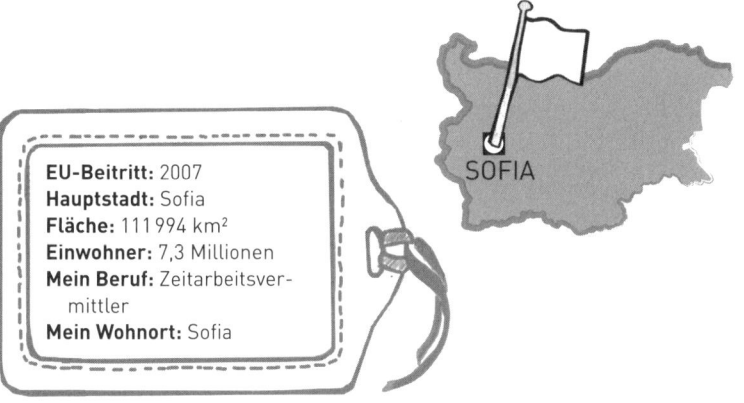

EU-Beitritt: 2007
Hauptstadt: Sofia
Fläche: 111 994 km²
Einwohner: 7,3 Millionen
Mein Beruf: Zeitarbeitsver-
   mittler
Mein Wohnort: Sofia

SOFIA

Was ist denn bitte so suspekt daran, wenn ein Franzose mitten in der Nebensaison versucht, von Griechenland aus mit dem Bus nach Bulgarien einzureisen, um dort zu arbeiten? Zugegeben, alltäglich ist das nicht. Aber mal ehrlich, Frau Grenzbeamtin, der kritische Blick, die argwöhnischen Fragen – muss das sein?

Löblich, dass sie ihrer Tätigkeit so gewissenhaft nachgeht, doch mir wird ganz mulmig zumute. Unter ihren prüfenden Blicken fange ich schon selbst an, mich für schuldig zu halten, für alles und nichts. Da heißt es, Ruhe bewahren. Meine Einreiseabsichten sind wohlwollend, das muss die Beamtin doch sehen! Und das tut sie dann auch. Nach einer gefühlten halben Ewigkeit. Na also, geht doch. Willkommen, danke, bitte, (auf nimmer) Wiedersehen, Frau Grenzbeamtin. Hallo, Bulgarien!

Bulgarien ist kaum größer als Bayern und Baden-Württemberg zusammen und erstreckt sich vom Balkangebirge im Westen bis zum Schwarzen Meer im Osten. Seit 2007 ist das Land Teil der EU, Mitglied des Schengenraumes ist es aber noch nicht. Wer über die Grenze will, muss also weiterhin seinen Pass vorzeigen (und in meinem Fall Geduld mitbringen). Meist wird die Grenzen allerdings in umgekehrter Richtung überquert: von Bulgaren, die in Westeuropa nach Arbeit suchen. Vor allem junge, gebildete Akademiker – sofern sie gute Fremdsprachenkenntnisse vorweisen können – können in Westeuropa ihren Lohn bei gleichbleibender Arbeit vervielfältigen.

Meine Laune nach der Begegnung mit der Grenzbeamtin ist also gedämpft: Gastfreundlich geht anders. Mein erster Eindruck von Sofia ist auch nicht besser: Plattenbauten mit heruntergekommenen Fassaden, mit Plastikmüll übersäte Brachen … nööö, schön ist das nicht. Über dem ganzen Grau hängt eine tiefe Wolkendecke, die Stimmung ist gedrückt. Kaum aus dem Bus ausgestiegen, fange ich schon an, dem Ende meiner Woche hier entgegenzufiebern.

Doch dann passierte etwas, das alles veränderte, plötzlich bin ich »mittendrin statt nur dabei«. Mir passieren Svetlana und ihr Freund, meine Couchsurfinggastgeber. Ihr Empfang ist warm und herzlich, nur Minuten nach meiner Ankunft sitzen wir bei orientalischem Gebäck und moldawischem Weinbrand im Wohnzimmer, erzählen Geschichten, lachen, lernen uns kennen. Ich habe das Gefühl, bei meinen besten Freunden zu Besuch zu sein. Es ist nicht nur ein fantastischer Abend, auch mein Blick auf Sofia beginnt sich langsam zu wandeln.

Svetlana kennt die Hauptstadt Bulgariens wie ihre Westentasche und ist durch ihre vielen Couchsurfingbeherbergungen eine begnadete Stadtführerin geworden. Ich lerne die Schokoladenseite der Stadt kennen: Die hübsche Innenstadt verjagt schnell die Erinnerung an die tristen Plattenbauten der Vorstadt. Ein Glück, dass – im Gegensatz zum Rest der Stadt – wenigstens der Stadtkern von der Zerstörung des Zweiten Weltkrieges weitestgehend verschont geblieben ist und die monströse Betonwut des ehemaligen kommunistischen Regimes hier nur wenig Schaden anrichten konnte.

Auch Restaurants und Kneipen kommen bei Svetlanas Stadtführung nicht zu kurz – und viele der Orte, die ich kennenlerne, stehen in keinem Reiseführer, jedenfalls nicht in meinem. So finde ich mich zum Beispiel irgendwann im Wohnzimmer einer im zweiten Stock eines gewöhnlichen Mietshauses gelegenen Wohnung wieder: private Wohnzimmeratmosphäre, fröhliche Menschen, bequeme Sofas und eine urige, kleine Küche. Ich dachte, wir wollten in eine Bar, nicht Freunden einen Besuch abstatten … bis ich begreife: Das hier ist die Bar! Mit einem ziemlich abgefahrenen Konzept! Ein anderes Mal stehen wir vor einer Bar mit einer Tür ohne Klinke. Auch eine Art, sich vor unliebsamen Gästen zu schützen …

Das Einzige, was wirklich nervt, ist der ständige Zigarettenqualm. Denn die Bulgaren rauchen gern und viel. Sehr, sehr viel! Knapp hinter Serbien sind sie, über das Jahr gerechnet, mit über 2800 Glimmstängeln pro Person sozusagen Vizeweltmeister im Rauchen (das sind fast dreimal so viele Zigaretten wie Deutschland). Eine bedingt schmeichelhafte Auszeichnung. Auf Platz drei folgen die Griechen, was mich, wenn ich an die letzte Woche zurückdenke, nicht überrascht. Seit dem 1. Juni 2012 gilt in Bulgarien zwar ein strenges Rauchverbot in Arbeitsräumen, Restaurants und Cafés, aber raten Sie mal, wer das ernst nimmt. In einem der Restaurants, die ich besuche, wird zwischen dem Raucher- und Nichtraucherraum quasi um die Wette gequalmt! Dabei fügen sich selbst französische und italienische Raucher dem für sie so unsympathischen Verbot, obwohl sie allgemein nicht gerade für ihre Disziplin berüchtigt sind. Nichtraucher mit empfindlicher Nase haben auf der Suche nach einer gastronomischen Anlaufstelle in Sofia keine Orientierungsprobleme: Nase in den Wind, den Qualmgeruch der nächsten Kneipe riecht man dann auf 100 Meter. Das Problem dabei ist: Auch wer nur kurz reingeht, braucht anschließend zwei Dosen Geruchskiller, um wieder einigermaßen erträglich zu riechen. So dauert mein Besuch in einem Internetcafé zwar nur ein paar Minuten, geruchlich aber habe ich noch ein paar Stunden lang etwas davon.

Doch es gibt sie auch in Bulgarien, die rauchfreien Orte, zu meiner Erleichterung (und der meiner Lunge): so zum Beispiel mein Arbeitsplatz der Woche. Dass sich die Leute hier an das Verbot halten, könnte auch damit zusammenhängen, dass ich für die bulgarische Auslandsfiliale einer österreichischen Firma arbeite, für die Trenkwalder Personaldienste AG, um genau zu sein. Ich soll dort als Jobvermittler tätig werden. Eine Stelle, die ich bekommen habe, weil ich Französisch spreche. Die Trenkwalder sucht nämlich eine(n) französischsprachige(n) Verkaufsassistenten/in, und – so der Gedanke der Firma – da ist es ja nur gut, das Bewerbungsgespräch gleich auf Französisch zu führen. So wirklich weiß ich übrigens nicht, was auf mich zukommt und was man alles so fragt, um potenziellen Bewerbern auf den Zahn zu fühlen. Aber schließlich habe ich ja selbst schon ein paar Bewerbungsgespräche hinter mir, vielleicht hilft das.

Bulgarien ist nicht gerade ein wohlhabendes Land. Zusammen mit Rumänien ist es sogar das mit Abstand ärmste Land der EU, das Mindestgehalt für einen Vollzeitjob beträgt 2014 gerade einmal 174 Euro. Dadurch ist Bulgarien (so wie einst Irland) derzeit unter anderem ein beliebter Standort für Callcenter und Internet-Support-Unternehmen … Für solche Dienstleistungen braucht es ständig neue Leute, und auch die offene Stelle, die von mir nun angeboten wird, fällt in diesen Bereich.

Ein internationaler Süßgetränkehersteller sucht eine(n) Französisch sprechende(n) Verkaufsassistenten/in. Klingt gut. Klingt nach eigenverantwortlicher Aufgabe. Nach Kundenkontakt, Dienstreisen und möglichen Erfolgsprovisionen. Tatsächlich aber ist es ein Telefonjob, bei dem es darum geht, Informationen über mögliche Vertriebspartner zu sammeln und Letztere zu einem Verkaufsgespräch zu bewegen – zu dem dann allerdings jemand anderes hingeht. Ob das auf Dauer so spannend ist?

Die Ausschreibung an sich klingt jedoch interessant, und das Interesse ist entsprechend groß. Nach ein paar Stunden habe ich schon viele Bewerbungen. Je größer das Interesse, desto besser für mich: Ich kann wählerisch sein! Einige Lebensläufe lasse ich von vornherein auf einen separaten Stapel wandern, weil sie irgendwie seltsam sind. Wenn ein 20-Jähriger einen acht Seiten langen Lebenslauf einschickt, in dem faktisch nur wenig bis gar nichts drinsteht, ist er wohl den organisatorischen Anforderungen dieses Jobs nicht gewachsen, oder? Und was soll man von jemandem halten, der trotz der ausdrücklichen Bitte um Unterlagen in französischer oder englischer Sprache eine bulgarische Bewerbung schickt? Na ja, ganz so streng war ich dann doch nicht. Einen der Anwärter mit bulgarischem Lebenslauf habe ich zu einem Gespräch eingeladen. Als Kandidat war er einfach zu aussichtsreich, um ihn von vornherein zu disqualifizieren.

Schließlich führe ich die ersten Telefonate. Jeder Bewerber wird angerufen, und auch wenn ich in Bulgarien bin und definitiv kein Wort von dem verstehe, was um mich herum gesprochen wird, so geht mir dieser Job ganz wunderbar von der Hand – schließlich wird ja ein Französisch sprechender Verkaufsassistent gesucht.

Warum die Sprachkenntnisse nicht direkt abklären: »Allô? Bonjour! Ici Jan Lachner de la société Trenkwalder …«

Nicht alle kommen damit klar, und so verringert sich der Berg der Bewerber noch um diejenigen Kandidaten, die vielleicht nicht ganz so gut Französisch sprechen wie in ihrer Bewerbung behauptet. Was allerdings nicht bedeutet, dass nicht noch genug übrig bleiben. In Zahlen: Von 26 Lebensläufen sind nach den Telefonaten noch zehn übrig. Einige bestätigen dann zwar den Termin, erscheinen aber doch nicht zum Gespräch. Ich lerne daraus: Personalsuche besteht in erster Linie aus Organisation und Koordination.

Natürlich wäre es verlockend, mich bei einem der Bewerbungsgespräche in einem großzügig gepolsterten Schreibtischstuhl zurückzulehnen, die Fingerspitzen aneinanderzudrücken und die Augenbrauen hochzuziehen: »So, Sie möchten also für uns arbeiten. Dann erzählen Sie doch mal ein bisschen über sich …« Ich verkneife mir meinen Moment als »Bad Boss«, ein solches Verhalten wäre gemein und unfair, viele Kandidaten sind auch so schon gestresst genug. Was sie nicht erahnen: Ich bin es auch! Denn mein Hauptproblem liegt nicht darin, dass ich die richtigen Fragen stellen muss – Standardfragen gibt es im Internet zuhauf, und die anderen ergeben sich während des Gesprächs von allein. Nein, mein Problem sind die Antworten.

Um den richtigen Kandidaten zu finden, muss ich mir über jeden Bewerber zuerst eine möglichst objektive Meinung bilden. Einige sind während des Gesprächs ganz entspannt, andere sind nervös. Einige sind eher introvertiert, andere extrovertiert. All dies beeinflusst zwar die Qualität des Gesprächs, doch über die Grundfähigkeiten der Bewerber sagen all diese Dinge nur wenig aus. Genau diese möchte ich jedoch herausfinden, um meine offene Stelle gut zu besetzen. Und natürlich möchte ich jedem Kandidaten gerecht werden.

Drei Kandidaten haben mich besonders überzeugt. Die empfehle ich dann auch dem Getränkekonzern. Genommen wird zu meinem Erstaunen jedoch keiner: Alle drei sind dem Konzern schon bekannt! Vielleicht sind sie bereits in deren Callcenter angestellt, und ihnen ist nur die Telefonarbeit zu blöd geworden. Was ich nachvollziehen könnte. Es war dann, ehrlich gesagt, kein Spaß, den Leuten zu eröffnen, was für ein Job sich hinter der Anzeige tatsächlich verbirgt. Eine Kandidatin kommentiert meine Enthüllung zwar nicht direkt, kann ihre Enttäuschung jedoch kaum verbergen. Ihre Einstellung gefällt mir: Sie ist ehrgeizig und will sich nicht unter Wert verkaufen. Ja, die Jobbeschreibung hätte etwas expliziter sein können. Doch das wahre Problem ist … dass ich ihr nichts anderes anzubieten habe. Vielleicht sollte auch sie anfangen, sich im Ausland umzuschauen?

Woran ich mich in Bulgarien immer erinnern werde – wer hätte es zu Beginn dieses Trips gedacht! –, das ist die Gastfreundschaft, die man mir in diesem Land entgegenbringt. Inzwischen habe ich mich bei Svetlana mit der Zurverfügungstellung meines Sofas in Paris und der Besichtigung des Eiffelturms revanchieren können und außerdem mit dem Besuch eines guten Restaurants gleich noch eine Scharte ausgewetzt, die mir tatsächlich monatelang auf der Seele lag: Ihre Luftmatratze, auf der ich in Bulgarien schlief, geriet irgendwann zu dicht an eine tragbare Elektroheizung und bekam so ein Loch. Ich habe es zwar geflickt – mit mehreren Schichten wild übereinandergeklebtem Klebeband –, aber das sah grauenvoll aus und hielt sicherlich nicht lange. Svetlana fand meine Reparatur in Ordnung: »Ist doch nur eine Luftmatratze.« Ja, mag sein. Wäre ihr das Missgeschick mit meiner Luftmatratze passiert, hätte ich genauso gelassen reagiert. Doch nachdem sie mich eine ganze Woche lang beherbergt, mir die Stadt gezeigt und mich einigen ihrer Freunde vorgestellt hat und ich mich dafür kaum bedanken konnte (oder sie mich nicht ließ), wollte ich eine durchlöcherte und schlecht geflickte Luftmatratze als bleibendes Souvenir meines Besuchs einfach nicht zulassen!

11. ÖSTERREICH

>>Schaunma mal<< und >>Passt scho!<<

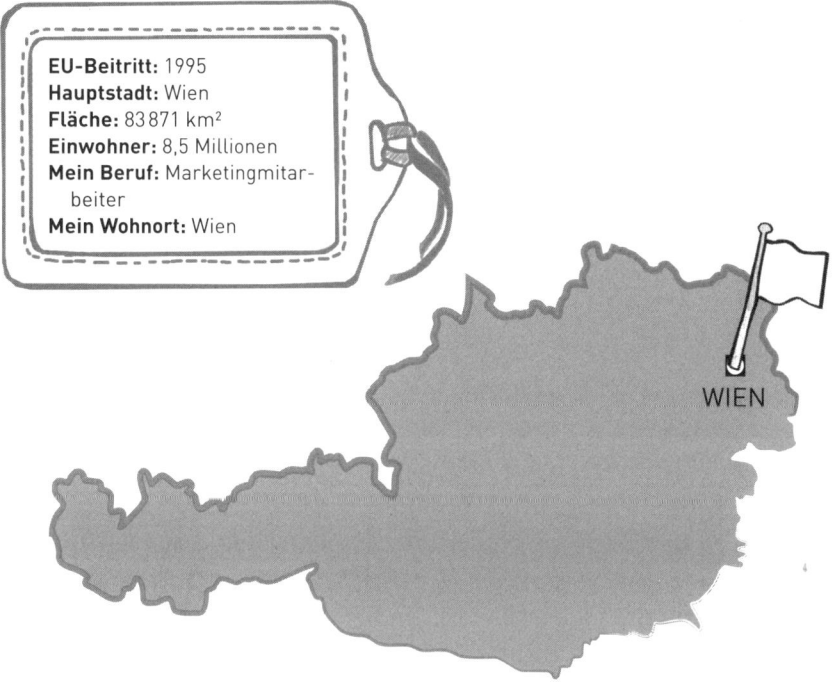

EU-Beitritt: 1995
Hauptstadt: Wien
Fläche: 83871 km²
Einwohner: 8,5 Millionen
Mein Beruf: Marketingmitar-
    beiter
Mein Wohnort: Wien

WIEN

Habe ich schon erwähnt, dass ich Sambafan bin? Ich spiele schon
ein paar Jahre, bin Mitglied einer Sambatruppe in Paris und reise gern zu Festivals. Es steckt sehr viel Energie in dieser Musik, es
macht Spaß, gemeinsam zu musizieren, und neue Menschen lernt
man auch ständig kennen – wie zum Beispiel Clarissa. Sie studiert
in Wien Medizin, und da es von uns Sambaspielern nicht sehr viele gibt, ist die Hilfsbereitschaft untereinander groß. Bei ihr komme
ich unter, so einfach geht das manchmal.

In Wien bin ich übrigens wieder bei der Firma Trenkwalder Personaldienste tätig, dieses Mal im internationalen Marketing. Meine Jobbeschreibung: »Markt- und kompetenzorientierte Führung des gesamten Unternehmens in mehr als einem Land zur Steigerung des Unternehmenserfolges über alle Ländermärkte hinweg.« Im Klartext: Mädchen für alles. Und in meinem Fall: Probesurfer auf der neuen Internetseite der Firma. Da ich für meine Reise selbst eine Internetseite gebastelt habe, soll ich als eine Art »Betatester« prüfen, ob das neue Redaktionssystem ausgereift ist und alle Links funktionieren. Außerdem begebe ich mich auf der französischen Firmensite auf Fehlersuche. Es ist kein aufregender Job, aber er ist zumindest nicht ganz überflüssig.

Nebenbei arbeite ich auch noch ein wenig in der Kommunikation. Als mein Sponsor ist Trenkwalder natürlich daran interessiert, mein Projekt medial zu vermarkten. Also rufe ich einige Medien an, und tatsächlich kommen ein Fernsehsender, eine Tages- und eine Wochenzeitung vorbei. Na, geht doch!

Ein Glück, dass Österreicher Hochdeutsch – und deshalb mich – problemlos verstehen, denn umgekehrt ist dies nicht immer der Fall. Das fängt mit dem österreichischen Dialekt an und hört damit auf, dass ich die Österreicher so schwer durchschauen kann. Stichwort »schauen«: Der Deutsche guckt, der Österreicher schaut, und wenn ein Österreicher sagt: »Schaunma« (»Schauen wir«), dann heißt das eigentlich gar nichts und vor allem nicht, dass er tatsächlich überlegt, etwas zu tun. Unterbreitet man einem Österreicher einen Plan und er sagt anschließend: »Schaunma mal«, dann will er damit eigentlich nur sagen, dass er nicht wirklich die Absicht hat, sich um die Sache zu kümmern. Genauso verhält es sich mit dem eigentlich ja sehr positiv klingenden »Passt scho!« (»Passt schon!«). Je nach dem Tonfall, in dem es gesagt wird, passt da nämlich gar nichts und die Äußerung sollte besser mit »Lass gut sein!« übersetzt werden.

Ein »Passt scho!« mit Unterton bekomme ich auch regelmäßig von Clarissa zu hören. Sie hat nämlich einen leichten Schlaf, gepaart mit der Angewohnheit, die Nächte durchzulernen und dann irgendwann im Morgengrauen auf dem Sofa im Wohnzimmer einzuschlafen. Ich bemühe mich zwar um einen Super-Ninja-Stealth-Modus, um auf dem Weg zur Tür geräuschlos an ihr vorbeizugleiten, da sie jedoch scheinbar eine Ameise atmen hören kann, wird sie jedes Mal wach und kann danach nicht mehr einschlafen. Couchsurfing in kleinen Wohnungen hat schon manchmal Nachteile …

Als deutscher Arbeitnehmer bin ich in Österreich übrigens nicht allein. Rund 170 000 Deutsche leben hier, und jedes Jahr kommen ein paar weitere hinzu. Sie alle – und im Moment auch ich – sind »Piefkes«. Wenn man das Wort im deutschen Duden nachschlägt, dann steht dort »Wichtigtuer, Angeber« und danach: »österreichisch abwertend für Deutscher«. Nein, besonders deutschenfreundlich sind die Österreicher nicht, und wenn man in einem der vielen wunderbaren Kaffeehäuser Wiens Unmut hervorrufen möchte, dann schlägt man eine der vielen dort angebotenen Zeitungen auf, tut so, als versuche man das Kreuzworträtsel zu lösen, und fragt seinen österreichischen Tischnachbarn: »Deutscher Komponist mit sechs Buchstaben – wissen Sie vielleicht, wer das sein könnte? Ach ja, jetzt fällt's mir ein: Mozart.« Wenn das empörte Gemurmel am Nebentisch klingt wie »Gusch Piefke!« (»Scheiß Piefke!«), dann darf man sich nicht wundern. Tatsächlich nämlich wurde Mozart 1756 in Salzburg geboren, zu einer Zeit also, in der es noch kein Deutschland gab, sondern nur viele, viele kleine Staaten, in denen Deutsch gesprochen wurde. Salzburg gehörte damals allerdings ebenfalls nicht offiziell zu Österreich, sondern zum Römisch-Deutschen Kaiserreich, und Mozart selbst sagte, er sei Deutscher. Also ist irgendwie beides richtig.

In Wien die Stadt zu besichtigen ist, obwohl ich eigentlich wenig Zeit habe, wundervoll. Die Nationalbibliothek und die Spanische Hofreitschule, die Hofburg, die Karlskirche, der Stephansdom … Wien hat jede Menge Sehenswürdigkeiten. Und die Wiener sollen – ähnlich wie die Berliner – einen eigenen Humor haben, der sich besonders im Umgangston bemerkbar macht und unter dem Begriff »Wiener Schmäh« bekannt ist: die zynische Verklärung der Wirklichkeit, gepaart mit der Gabe, auch der miesesten Situation noch irgendetwas Gutes abgewinnen zu können.

So wirklich häufig begegnet man diesem Wiener Schmäh im Alltag zwar nicht mehr (es sei denn, man empfindet den Hinweis eines Ladenbesitzers, man möge sich beeilen, der Laden mache in einer Stunde zu, als witzig), aber die Österreicher hängen an ihrer Geschichte und den Attributen, die man ihnen im Laufe der Jahre zugeschrieben hat. Und zuweilen werden sie dabei sogar ein wenig übermütig. So kündigte der Chef der nationalen Tourismusorganisation »Österreich-Werbung« (ÖW) 2005 an, den »Charme der österreichischen Gastgeber zum immateriellen Weltkulturerbe erklären zu lassen«. Ob er es je geschafft hat, die für dieses Projekt notwendigen Unterlagen zusammenzustellen, oder ob sich die zuständige Kommission gleich totgelacht hat, ist nicht bekannt. Auf jeden Fall hat nach der Ankündigung niemand jemals wieder etwas von der Idee gehört.

12. TSCHECHISCHE REPUBLIK

Die Wiege der Brauereikunst

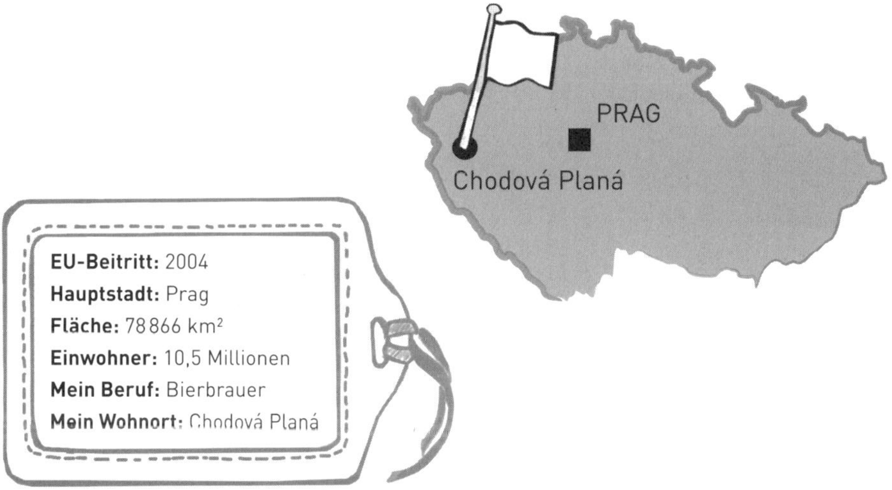

PRAG

Chodová Planá

EU-Beitritt: 2004
Hauptstadt: Prag
Fläche: 78 866 km²
Einwohner: 10,5 Millionen
Mein Beruf: Bierbrauer
Mein Wohnort: Chodová Planá

»Bitte ein Pils!« Wer diesen Satz in einer Kneipe ausspricht, der weiß oft nicht, wem er die Tatsache, dass es richtig gutes Pils gibt, eigentlich zu verdanken hat – den Tschechen nämlich. Denn »Bitte ein Pils!« ist eigentlich die Abkürzung für »Bitte ein Pilsener Bier«, und Pilsen ist eine Stadt in Böhmen. Und dort wurde es erfunden, des deutschen Mannes Lieblingsgetränk! Was aber nicht heißt, dass die Deutschen auch die größten Biertrinker sind. Denn das sind die Tschechen. Statistisch trinkt jeder tschechische Mann, jede tschechische Frau und jedes tschechische Kind pro Jahr exakt 159 Liter. Bier ist das Nationalgetränk, und deshalb gibt es auch nur einen Beruf, der für mich in der Tschechischen Republik infrage kommt: den des Bierbrauers.

Ich gebe zu: Auf diese Woche habe ich mich besonders gefreut. »Cool, Bierbrauer!« – das habe ich immer wieder gehört, wenn ich Leuten von meinem Projekt erzählte. »Wow, wie toll, Immobilienmakler!«, das hat nie jemand gesagt. Außerdem habe ich sehr lange gebraucht, um eine Brauerei zu finden, die mich einstellt. Im Nachhinein weiß ich, dass die Probleme bei der Suche auf einem taktischen Fehler von mir beruht haben: Ich hatte nur bei großen, bekannten Marken angefragt. Die aber hielten mich lange hin. Alle fanden zwar die Idee gut und versprachen mir, »bald« eine Entscheidung zu fällen, auf ihre Antwort warte ich aber noch heute. Irgendwann war ich es leid und wandte mich an kleinere Unternehmen. Eine Liste aller tschechischen Brauereien fand ich ganz einfach im Internet, und so rief ich spontan bei der Familienbrauerei Chodovar an. Warum gerade diese? Weil ihre Webseite eine Übersetzung ins Deutsche bot und die Telefonnummer des Marketingdirektors dort stand. Das ist Jiří Plevka der Jüngere, ein hochgradig sympathischer Mann, der im Vorjahr die Rallye von London nach Ulan Bator mitgefahren ist, rund 10 000 Kilometer in einem alten Fiat Panda. Wer so etwas Verrücktes macht, ist auch für weitere verrückte Ideen zu haben. Und er erkannte sofort: »Ha, du bist irre! Komm vorbei, da mach ich mit!« Zu dem Zeitpunkt hatte ich gerade einmal dreißig Sekunden mit ihm telefoniert, ich hatte kaum Zeit gefunden, ihm mein Projekt vorzustellen – da sagte er schon zu. Rekord! Ach, wären doch alle Menschen wie Jiří Plevka … was ich an Zeit, Arbeit und Aufwand gespart hätte!

Und jetzt bin ich hier. Nur ein paar Kilometer hinter der Grenze zu Bayern – die vor gar nicht so langer Zeit noch von einigen meiner neuen Kollegen als Soldaten der Roten Armee vor einer »drohenden« Invasion des Westens beschützt wurde – liegt ein unscheinbares kleines Dorf: Chodová Planá. Die ansässige Brauerei wird zwar erst 1573 zum ersten Mal schriftlich erwähnt, da der unter der Brauerei liegende, direkt in den Granitfelsen gehauene Lagerkeller jedoch aus dem 14. Jahrhundert stammt, kann man daraus schließen, dass hier schon seit über 600 Jahren Bier gebraut wird. Heute ist das Brauereigelände ein wunderschön angelegtes Areal mit einem sich anschließenden Biergarten, in dem bis zu 3000 Gäste Platz finden. Außerdem gibt es ein Hotel mit zwei Restaurants und einem Wellnesscenter, in dem man sogar ein Bierbad nehmen kann. Klar, dass ich da rein muss! Diesmal wohne ich übrigens nicht auf der Couch von irgendwem, sondern ich schlafe im Hotel der Brauerei. Man kann auch mal Glück haben!

Wer die Brauerei besucht, dem fällt irgendwann ein weißer Hund auf, der im Wappen abgebildet ist und auch auf jedem Bierglas. Das ist Albi. Der Sage nach soll er unter der Burg ein großes Wasservorkommen entdeckt haben, weshalb ihm zum Dank zeit seines Lebens der jüngste Lehrling an jedem Feierabend einen Seidel Bier bringen musste. Der Hund sollte den Braumeistern wohlgesinnt bleiben und weiterhin Glück bringen. Ob der sagenhafte Albi im Laufe seines vermutlich auch damals schon etwa 15 Jahre dauernden Hundelebens über weite Teile betrunken durch die Gegend lief, ist nicht überliefert. Der Punkt ist: Zum Bierbrauen braucht man zuallererst Wasser, und das ist im Westen Tschechiens bestens geeignet, weil arm an Mineralien und daher neutral im Geschmack. Umso mehr schmeckt man dann die weiteren Zutaten: Hopfen zum Beispiel. Dritte Zutat: Malz. Das ist in Wasser gekeimtes Getreide, meist Weizen oder Gerste, aber auch Dinkel und Roggen. Obwohl die Tschechen ursprünglich das Weißbier (also Weizenbier) erfunden haben, trinken heute alle nur noch Pils – für das ausschließlich Gerstenmalz verwendet wird. Warum? Ganz einfach, weil die kommunistische Regierung es so entschieden hat. Gerste ist für Bier, Weizen für Brot – Schluss, aus, Ende der Diskussion.

Getreide, Hopfen und Wasser, mehr als diese drei Zutaten braucht ein Brauer nicht, und wo auch immer auf dieser Welt man ein Bier trinkt, die drei sind garantiert drin. Der Unterschied ergibt sich aus dem »Wie viel von jedem«, der Qualität der einzelnen Zutaten, dem »Wie lange« und eventuell dem »Was könnte man sonst noch zugeben, das gut schmeckt?«.

Das Malzgetreide weicht fünf Tage lang in Wasser ein, dann keimt es. Danach wird es getrocknet. Und schon hier geht es los: Temperatur, Feuchtigkeit und Belüftung sind wichtig, sie entscheiden über die Farbe des Bieres. In der Brauerei wird das Malz gemahlen und gereinigt, mit Wasser vermischt und auf verschiedene Temperaturstufen erhitzt. Und nur um die Größe des benötigten »Kochtopfs« vorstellbar zu machen und gleichzeitig der Kupferkesselromantik ein bisschen entgegenzuwirken: In heutigen Großbrauereien werden üblicherweise 18 Tonnen Malzschrot mit 120 000 Litern Wasser vermischt. Bei Chodovar sind die Kessel zwar nicht ganz so groß, aber mit der Hand pumpt auch hier keiner mehr. Immerhin werden pro Jahr 90 000 Hektoliter gebraut.

Ausschließlich per Hand arbeiten eigentlich nur noch Hobbybrauer – die allerdings von ihrem Ertrag dann auch nicht leben müssen. Mir hat Jiří die Möglichkeit gegeben, die Handarbeit einmal auszuprobieren. Gemeinsam mit seiner Frau haben wir 14 Liter Bier gebraut. Ob es schmeckt? Ich werde es wohl nie herausfinden, denn die Lagerzeit wurde auf sechs Monate festgesetzt. Gut Ding braucht Weile, aber wer weiß schon, wo ich in sechs Monaten sein werde? Ich jedenfalls nicht.

In der Brauerei läuft alles eher zügig: Nach und nach wird das Gebräu auf 76 Grad erhitzt, und dann gart es so lange, bis sich die Stärke in den Zucker verwandelt hat, aus dem später der Alkohol entsteht. Ist das geschehen, wird eine Verzuckerungsprobe gemacht und die Flüssigkeit, in der nun alle löslichen Stoffe des Malzkornes enthalten sind, gesiebt und gereinigt. Jetzt heißt die Flüssigkeit »Würze«. Sie wird, diesmal unter Zugabe von Hopfen, rund eine Stunde lang gekocht, wieder gereinigt, heruntergekühlt und schließlich in den Gärtank gefüllt, wo man ihr Hefe beigibt, um den Gärprozess zu beginnen. Sinn der Gärung ist, den in der Würze gelösten Malzzucker in Kohlensäure und Alkohol umzuwandeln. Das dauert, je nach Brauer, zwischen ein paar Stunden und einer Nacht, danach aber ist es fertig, das »Jungbier«, und kann nun in die Lagertanks kommen, wo es – wieder je nach Biertyp und Rezept – bei 3 °C bis zu drei Monate reift. So lange? Ja, so lange. Es sei denn, man nimmt ein Bier von einem der großen Hersteller. Die haben ihren Brauvorgang so »optimiert« (wirtschaftlich zumindest), dass sie die letzten beiden Arbeitsschritte zusammen in nur zehn Tagen erledigen können. Aber das schmeckt man eben auch …

Das Bier und die Tschechen, das ist eine lange Liebesgeschichte. »Pivo«, das tschechische Wort für Bier, ist ein urslawisches Wort, dessen Verwendung zum ersten Mal im 8. Jahrhundert belegt ist. Damals verstand man darunter ein vergorenes Getränk aus Getreide und Hopfen. Je nach Region und Geschmack des Wirts wurden noch Gewürze, Obst und Honig dazugegeben. Pivo war demzufolge ein immer und überall unterschiedlich schmeckendes Gebräu, das allerdings sehr beliebt war. Laut einigen historischen Dokumenten verbot Bischof Adalbert bei der Gründung des Benediktinerklosters Břevnov in einem Stadtteil von Prag den Mönchen sogar das Bierbrauen. Sie sollen sich nämlich mehr dem Getränk als dem lieben Gott gewidmet haben …

Und wie schmeckt mir das Bier nach einer Woche als Brauer? Nun, als Erstes muss ich vielleicht sagen, dass mir Bier zuvor nicht wirklich geschmeckt hat und ich auch nichts darüber wusste. Schwarzbier zum Beispiel, nahm ich an, sei immer wahnsinnig stark im Geschmack und nichts für mich. Heute weiß ich: Die schwarze Farbe kommt von einer speziellen Art Malz, dem Karamelmalz. Es macht das Bier vollmundiger, aber bei Weitem nicht immer so stark, wie ich früher glaubte. Das Chodovar Schwarzbier ist erstaunlich lecker. Mein Interesse am Bier hält seit meinem Besuch in Tschechien bis heute an. Ich habe einen Kulturschatz für mich entdeckt. Ich weiß jetzt ein wenig von der Geschichte des Bieres, habe eine Ahnung davon, was alles zum Brauen dazugehört, und ich habe erfahren, dass nicht alle Biere gleich schmecken, sondern es viele, viele Geschmacksrichtungen gibt. Das war fast wie ein Weinseminar für einen Önologen. Das Bier aus Chodová Planá halte ich auf jeden Fall für Weltklasse, wobei ich heute auch das viel stärkere, für meinen Geschmack aber noch vollmundigere belgische Bier sehr gern mag. Die Belgier lassen ihr Bier oftmals mehrere Gärvorgänge durchlaufen: Es gibt Trappistenbiere (Vierfachgärung), Triple (Dreifachgärung) und Lambic (spontane Gärung). Sollte man wirklich mal probiert haben.

Ob ich Brauer werden würde? Nein, das nicht. Warum nicht? Vielleicht weil sich meine romantischen Vorstellungen vom Braubetrieb nicht erfüllt haben. In großen Brauereien sind alle Arbeitsschritte streng getrennt. Keiner braut mehr das Bier von A bis Z, jeder Mitarbeiter kümmert sich immer nur um dieselbe Etappe des Prozesses. Schade. Natürlich gibt es auch noch die ganz kleinen, unabhängigen Brauereien mit ihren gut gehüteten Rezepten. Die haben aber Mühe, sich finanziell über Wasser zu halten. Allerdings tendieren die Verbraucher in den letzten Jahren dazu, weniger zu trinken, dafür aber häufiger nach Bier von besserer Qualität zu greifen. Vielleicht besteht ja doch Hoffnung!

Bleibt noch das Bierbad: Das ist wirklich großartig. Es riecht wunderbar, die Kohlensäure des Biers kribbelt ein wenig, und schließlich bekommt man zum warmen Bad auch noch ein kühles Bier serviert. Die Haut fühlt sich anschließend herrlich geschmeidig an, was an der dermatologischen Wirkung der Bierhefe liegen soll. Was kann es Besseres geben?

13. SLOWAKEI

Das Leben nach dem Kalten Krieg

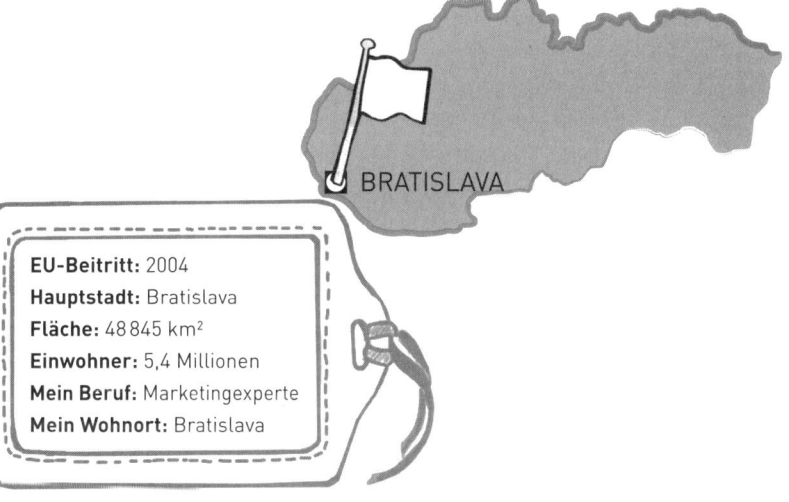

BRATISLAVA

EU-Beitritt: 2004
Hauptstadt: Bratislava
Fläche: 48 845 km²
Einwohner: 5,4 Millionen
Mein Beruf: Marketingexperte
Mein Wohnort: Bratislava

Was für eine Szene ersinnt wohl ein Hollywoodautor, wenn ihm folgende Stichworte hingeworfen werden: Kalter Krieg, Ende des Kalten Krieges, Wissenschaft, Militär, Versorgungsengpass und Panzerbatterien? Vielleicht diese: An einem Frühlingsmorgen des Jahres 1972 tritt ein ranghoher General der Roten Armee während einer Besprechung im Kreml an Leonid Iljitsch Breschnew heran, den Staatschef der KPdSU (Kommunistischen Partei der Sowjetunion). Der General ist Überbringer schlechter Botschaften: »Genosse Parteivorsitzender, unsere Panzer fahren nicht mehr.« »Ja, aber warum denn nicht?« »Die Batterien sind kaputt, die Panzer springen nicht mehr an!« »Dann packt neue Batterien rein.« »Das geht nicht, Genosse Breschnew, wir haben keine mehr.« »Dann repariert die alten oder findet jemanden, der das kann.«

Der Dialog ist natürlich fiktiv, die Geschichte hat sich so oder zumindest so ähnlich aber tatsächlich zugetragen. Eine Gruppe von Wissenschaftlern wurde während des Kalten Krieges – dem von 1947 bis 1989 mit nahezu allen Mitteln ausgetragenen Konflikt unter der Führung der USA einerseits und des damaligen sogenannten Ostblocks unter Führung der Sowjetunion andererseits – beauftragt, eine Möglichkeit zu finden, kaputten Batterien (Bleiakkus, um genau zu sein) neues Leben einzuhauchen. Denn in diesen mit Schwefelsäure gefüllten Akkus lagert sich bei jeder Entladung ein bisschen Bleisulfat ab, ein weißer Film, der sich über die Batterie legt und nach einiger Zeit und/oder nach einigen Ladezyklen die Fläche und damit die Kapazität der Batterie verkleinert. Irgendwann ist dann Schluss und die Batterie geht in die Knie.

Und tatsächlich gelang es den Forschern, eine Flüssigkeit zu entwickeln, die das Sulfat auflöste … Doch dann kam das Ende des Kalten Krieges, der Ausverkauf der Sowjetarmee – und die Wissenschaftler hatten plötzlich ein Produkt, aber niemanden mehr, der es ihnen abnehmen wollte. Was nun? Sie gründeten eine Firma und verkauften das Zeug. Ein riesiger Markt, denn auch wenn Bleiakkus heute nicht mehr dem Stand der modernsten Technik entsprechen, so sind sie doch sehr billig, weshalb mehr als 40 Prozent des weltweiten Batteriemarktes noch immer auf Bleiakkus zurückgreift.

Grob umrissen, ist das die Geschichte der Firma Battery Gurus, des einzigen Unternehmens, das nicht darauf gewartet hat, dass ich sie anrufe, um nach einem Job zu fragen. Stattdessen haben sie mich kontaktiert. Meinen Namen haben sie von irgendjemandem bei Trenkwalder bekommen. Von wem, das weiß ich nicht, aber ich weiß, warum: Sie haben einen Franzosen gesucht, und zwar einen, der recherchieren und die Informationen in einem Papier zusammenfassen kann. »Also, Junge, hier ist der Deal«, eröffnete mir Dušan, der Direktor der Firma. »Wir stellen hier eine Flüssigkeit her, die alte Bleiakkus wieder neu macht. Wir verkaufen bereits in mehrere Länder und möchten jetzt auch nach Frankreich verkaufen. Das Problem ist, wir können kein Französisch und kennen weder Land noch Leute, ganz zu schweigen vom Batteriemarkt.« Um es kurz zu machen: Ich sollte die fehlenden Informationen liefern. Zeit: vier Tage, denn der Freitag in dieser Woche war ein Feiertag.

So läuft das also in dieser Firma. Man ist noch neu, aber es wird einem vertraut. Man kennt sich im Geschäft nicht aus, aber die Erwartungen sind hoch – man soll mal eben in vier Tagen ein Marketingmenü in drei Gängen kochen: kleine Studie des Wirtschaftszweiges als Vorspeise, intensive Recherche als Hauptgang, Zusammenfassung der Ergebnisse und Erstellung einer groben Implantationsstrategie als Nachspeise, serviert auf einer wundervollen, leicht verdaulichen PowerPoint-Präsentation. Und das Allerbeste: Das französische Umweltministerium soll einen Bericht über die Umweltverträglichkeit des Bleiakkurecyclings in Auftrag gegeben haben – zumindest sind die slowakischen Batterieleute für die Erstellung dieses Berichts bereits befragt worden. Das Ding ist zwar noch nicht veröffentlicht, »aber es wäre super, wenn du den Bericht vorab schon mal besorgen könntest«. »Ahhhhhhh!«

Bin ich jetzt ein Industriespion? Na ja, ganz so dramatisch ist die Sache vielleicht doch nicht. Jedenfalls macht die Arbeit aber enorm Spaß! Ich habe Google, eine schnelle Internetanbindung und ein Telefon. Es ist eine kreative Arbeit und zugleich ein Detektivjob: Wer handelt mit Batterien? Welche Konkurrenten sind auf diesem Markt in Frankreich schon tätig? Wer könnte für die Slowaken als Partner infrage kommen? Ich hangele mich von Fundstück zu Fundstück …

Wer in der Slowakei etwas anpackt, der kann wirklich etwas werden, denn so richtig läuft es hier noch nicht. Das Land hatte es bisher auch nicht leicht. Winzig klein (knappe 49 000 Quadratkilometer groß und keine 5,5 Millionen Einwohner), ein Binnenland, umgeben von fünf europäischen Nachbarn (Ungarn, Ukraine, Polen, Tschechien und Österreich) und bewohnt von jeder Menge kleinerer und größerer Minderheiten, die sich untereinander nicht alle gut verstehen. Ungarn, Roma, Tschechen und eine ganze Reihe Ostslawen. Sogar ein paar Karpatendeutsche sind noch dabei. Zuweilen kommt es zu rechtsextremen Übergriffen auf die Roma, und auch die Tschechen sind nicht immer beliebt, weil viele bei dem Versuch, ihre eigene Kultur zu bewahren, es nach Meinung vieler Slowaken übertreiben. Spannungen herrschen auch zwischen Ungarn und Slowaken, was das Verhältnis zu diesem Nachbarland stark trübt.

Wirtschaftlich läuft es eher bescheiden: Metallurgie, die Rüstungs- und chemische Industrie sowie die Energiewirtschaft, das waren über Jahrzehnte die wichtigen Standbeine. 1989 war dann plötzlich Schluss damit. Zwar produzieren die Slowaken dank Firmen wie Volkswagen und Skoda pro Einwohner mehr Autos als jedes andere Land auf der Welt, allerdings sehen diese Unternehmen den Karpatenstaat vor allem als guten Standort, um Geld zu sparen. Der Mindestlohn liegt bei knapp über 350 Euro, der Durchschnitt verdient im Monat rund 1000 Euro. Tendenz steigend, denn das Bildungsniveau ist hoch. Allerdings verbergen die Zahlen ein starkes Ost-West-Gefälle im Land: Während der Osten wirtschaftlich hinterherhinkt, liegt das Pro-Kopf-Einkommen in der an Österreich grenzenden Hauptstadt Bratislava ungefähr 40 Prozent über dem durchschnittlichen slowakischen Einkommen.

Die hier ansässigen, selbsternannten Battery-Gurus tragen fleißig mit zu diesen Zahlen bei. Wie die chemische Reaktion genau funktioniert, ist mir zwar schleierhaft, aber sie scheinen mit der Flüssigkeit Erfolg zu haben, sie wird bereits in über 25 Länder vertrieben. Auch den Bericht des französischen Umweltministeriums habe ich tatsächlich gefunden, die Jungs sind darin erwähnt und kommen nicht einmal schlecht weg. Und der Rest meiner Ergebnisse ließ offenbar ebenso wenig zu wünschen übrig. Meine Präsentation lief so gut, dass sie mich sogar gefragt haben, ob ich vielleicht ihr Mann in Frankreich werden wolle. Verlockender Gedanke, aber das kommt alles doch ein bisschen zu plötzlich. Also sage ich vorerst »Nein danke!« – und reise ab nach Ungarn. Ich hab da ein Date im Thermalbad …

14. UNGARN

Angenehmes Baden allerseits!

BUDAPEST

EU-Beitritt: 2004
Hauptstadt: Budapest
Flache: 93 030 km²
Einwohner: 9,9 Millionen
Mein Beruf: Thermalbadangestellter
Mein Wohnort: Budapest

Feuer spuckende Vulkane, eine unendliche Menge zähflüssigen Magmas, das sich die Hänge hinunterwälzt und dabei jedes Leben vernichtet – so sah es vor ungefähr 20 Millionen Jahren in Südeuropa aus. Ein mehrere tausend Grad heißer Vulkanbogen, der sich vom heutigen Slowenien durch das südliche Österreich bis zur Grenze zwischen dem Burgenland und Ungarn zog. Kein besonders gemütlicher Ort, der von den Geologen heute die »Transdanubische Vulkanregion« genannt wird. Die gute Nachricht: Nach ein paar Millionen Jahren kamen die Vulkane zur Ruhe. Was blieb, sind heiße Quellen. Löcher in der Erde, aus denen warmes Wasser herauskommt. Wie warm, das ist unterschiedlich. Es gibt warme Quellen, in die man einfach hineinspringen kann, weil sie angenehme 20 Grad haben, bei anderen würde man nach so einem Sprung entweder vor Schmerz brüllen oder gar nicht mehr auftauchen. Die heißeste natürliche Quelle in Europa bringt es nämlich auf ungemütliche 82 Grad Celsius.

Ungarn ist voller solcher Quellen, von denen schon die Römer schwärmten. Wie viele es genau im Land gibt, hat nie jemand gezählt, es sollen aber weit über 1300 sein, und wer ein anständiges Loch in den Boden baggert, hat immer die Chance, eine neue zu entdecken. 300 heiße Quellen existieren allein in Budapest, der mit 1,7 Millionen Einwohnern größten Stadt Ungarns. Budapest ist die Hauptstadt des Landes und (wegen der Quellen) zugleich die größte Kurstadt Europas. Logische Schlussfolgerung für mich: Ein Job im Thermalbad soll es sein!

Gar nicht so einfach, denn als was soll ich da arbeiten? Bademeister? Dafür habe ich weder das Diplom noch eine Erste-Hilfe-Ausbildung. Aufseher in den Umkleidekabinen? Keine wirklich dolle Beschäftigung … Masseur? Na ja, wenn alle Kunden ausschließlich schöne, junge Frauen wären … Ein Traum, der leider nicht der Realität entspricht und sich wahrscheinlich nur schwer erfüllen ließe, da mir die notwendigen medizinischen Kenntnisse fehlen. Qualitätskontrollen des Wassers im hauseigenen Labor, das könnte klappen. Also bewerbe ich mich bei den 21 großen Bädern Budapests, in die, von 120 Thermalquellen gespeist, täglich rund 30 000 Kubikmeter warmes Wasser fließen. Zehn von ihnen gelten sogar als Heilbäder, weil ihr Wasser nicht nur besonders viele Mineralstoffe, sondern auch radioaktive Bestandteile, Kohlensäure und Schwefel enthält. Diese Mischung soll nicht nur beim Planschen Spaß machen, sondern auch wahnsinnig gesund sein und gegen Ödeme,

Stress, Verspannungen und andere Leiden helfen. Außerdem soll sie den Stoffwechsel anregen, Rheuma lindern und, und, und …

Tatsächlich bekomme ich einen Job: im »Gellért« (ungarisch für »Gerhard«), dem wohl bekanntesten Thermalbad der Welt. Ein architektonischer Jugendstiltraum, 1918 eröffnet, im Zweiten Weltkrieg größtenteils zerstört, später wiederaufgebaut und mit dem dazugehörigen Viersternehotel eine der ersten Adressen Ungarns. *Man* wohnt und badet im Gellért …

Leider ist bei meiner Bewerbung irgendetwas schiefgelaufen. Offenbar hat niemand verstanden, dass ich im Labor arbeiten wollte, und so lande ich im Empfang und dort bei der Touristeninformation. Ich kann mich aber eigentlich nicht beschweren, denn es ist kein ganz überflüssiger Posten. Ausländer (von denen sich die Franzosen als die Hilflosesten erweisen) machen den größten Teil der Badbesucher aus. Die Eintrittspreise sind nach ungarischen Maßstäben nämlich »gesalzen«: 4900 Forint, umgerechnet etwa 16 Euro, zahlt ein Erwachsener an einem normalen Arbeitstag für einen Besuch. Wer sich in einer Kabine umziehen möchte, berappt für dieses Entgegenkommen an sein Schamgefühl noch einmal 200 Forint extra, also etwas mehr als 60 Cent. Für einen West- oder Nordeuropäer ist das sicherlich nicht viel Geld, für einen Ungarn, der 2013 den Mindestlohn von circa 330 Euro verdient hat, ist es aber schon eine Summe. Kommt er also nie in den Genuss der Thermalbäder, obwohl er hier wohnt? Glücklicherweise doch! Jeder Ungar bekommt vom Gesundheitsministerium ein oder zwei Besuche im Jahr geschenkt, als eine Art Präventivmedizin.

Vielleicht sind die Ungarn deshalb so fröhlich, extrovertiert und herzlich. Dem durchschnittlichen Touristen hilft das sympathische Wesen der Ungar allerdings nicht weiter: In einer Erhebung der Europäischen Union zu den Fremdsprachenkenntnissen der Mitgliedsländer belegte Ungarn zusammen mit Portugal, Irland und dem Vereinigten Königreich tatsächlich einen der letzten Plätze. Dieses schlechte Abschneiden verbirgt allerdings, dass die Ungarn der jüngeren Generation – und insbesondere in Budapest – zum Beispiel dem Englischen weitaus mächtiger sind als die, die zur Zeit des Kalten Krieges aufgewachsen sind. Außerdem könnte man theoretisch ja auch umgekehrt an die Sache herangehen und von den Besuchern verlangen, dass sie sich nicht nur auf Sitten und Gebräuche des besuchten Landes einstellen, sondern auch ein paar Brocken der Landessprache lernen. Doch in Ungarn? Fast unmöglich. Ungarisch hat nämlich einen finnougrischen Sprachstamm, der uns so fremd ist wie etwa Klingonisch. Ungarische Straßenschilder sehen aus, als hätte man das Alphabet in einen Würfelbecher geworfen, einige Umlaute noch zusätzlich hineingegeben und das Ganze dann mit irgendwelchen Akzenten gewürzt. Nahezu unmöglich, sich da etwas zu merken. Im Gegenzug fällt es den Ungarn sehr schwer, Fremdsprachen zu lernen, da auch romanische oder germanische Sprachen in ihren Ohren wie eine Hackschnitzelmaschine unter Vollauslastung klingen. Einzig die Finnen haben weniger Probleme mit dem Ungarischen, wobei »weniger« hier relativ zu verstehen ist. Beide Sprachen ähneln sich in etwa so wie Deutsch und Französisch.

Ausländer verstehen die Ungarn sowieso oft nicht. Sprachlich nicht und auch sonst nicht. Die Mentalität ist einfach anders, und wenn man in Auswandererforen im Internet stöbert, dann fällt es offenbar besonders den Deutschen schwer, in Ungarn zu leben: »Unzuverlässig«, »schlampig« und »unpünktlich« sind die Standardadjektive, die man liest. Aber ganz ehrlich: Über welche Nation sagen die Deutschen das nicht?

Andererseits – die Ungarn wirken manchmal wirklich seltsam. So haben sie ihrer neuen, seit Januar 2012 geltenden Verfassung eine ziemlich lange Präambel vorangestellt. Titel: »Gott segne die Ungarn!« Erster Absatz: »Wir, die Mitglieder der ungarischen Nation, erklären zu Beginn des neuen Jahrtausends und in Verantwortung für alle Ungarn Folgendes: ›Wir sind stolz darauf, dass unser König Stephan der Heilige vor 1000 Jahren den ungarischen Staat auf eine feste Grundlage gestellt und unsere Heimat zu einem Teil des christlichen Europa gemacht hat.‹« Und so geht es weiter. »Stolz« ist ein wichtiges Wort für die Ungarn. Stolz auf die Nation, Stolz auf ihren heiligen Stephan, der im Jahr 1000 vom Papst zum ersten König der Magyaren ernannt und den ganzen Haufen christianisiert hat. Stolz darauf, Europa jahrhundertelang gegen die Türken verteidigt zu haben … Kurz: stolz auf ihre Geschichte – auch wenn die nicht immer ruhmreich und oft blutig war.

Das Königreich Ungarn, das einst etwa dreimal so groß war wie das heutige Land, existiert schon lange nicht mehr. Zuerst kamen die Osmanen, die Ungarn etwa 150 Jahre lang besetzt hielten, später die k. u. k. Monarchie der Habsburger, und 1920 wurde Ungarn gezwungen, den Friedensvertrag von Trianon zu unterschreiben, wodurch es fast zwei Drittel seines Territoriums an die Tschechoslowakei, Rumänien, Jugoslawien und Österreich verlor. Für die Ungarn ein Trauma, das in den Menschen einen gewaltigen Nationalstolz entfachte. Im Zweiten Weltkrieg schließlich war Ungarn ein Verbündeter Hitlers, und was zu dieser Zeit alles passierte, beschäftigte noch Jahrzehnte später Staatsanwaltschaft und Kriegsverbrechertribunale. So starb beispielsweise im August 2013 der wegen Beteiligung an Nazikriegsverbrechen angeklagte ehemalige Polizeioffizier László Csatáry. Er soll 1944 an der Deportation von 15 000 Juden aus Kaschau in die Vernichtungslager der Nazis mitgewirkt haben. Mit Abschluss des Friedensvertrags vom 10. Februar 1947 wurde Ungarn zwar wieder ein unabhängiges Land, doch die sowjetischen Truppen zogen trotzdem nicht ab. Im Jahr 1952 wurde Mátyás Rákosi, der sich selbst als »bester Schüler Stalins« bezeichnete, Ministerpräsident. Rákosi ließ Tausende Regimegegner verhaften oder umbringen. Insgesamt wurden Verfahren gegen mehr als eine Million Menschen eingeleitet. Viele Ungarn wurden ohne Anklage und Gerichtsverfahren in Lager gesteckt und mussten Zwangsarbeit verrichten.

Anfang 1956 verurteilte der sowjetische Präsident Nikita Sergejewitsch Chruschtschow die Methoden der Ära Stalin und löste damit Hoffnung im gesamten Osten aus. In Polen demonstrierten daraufhin Arbeiter. Und aus Sympathie zu ihnen gingen in Ungarn am 23. Oktober Studenten auf die Straße. Sie forderten bürgerliche Freiheitsrechte, Parlamentarismus und nationale Unabhängigkeit. Als sie eine monumentale Stalin-Statue umstürzten, wurde aus der Demonstration ein Volksaufstand. Zwei Wochen herrschte Hoffnung auf Freiheit, dann griff die UdSSR ein, denn das Ausscheren eines Satellitenstaaten durfte auf keinen Fall geduldet werden. Sowjetische Truppen marschierten ein, 3000 Menschen starben. Das kommunistische Regierungssystem wurde »gerettet«, vorerst …

Denn als dreißig Jahre später – also etwas mehr als eine Generation später – der gesamte Ostblock bröckelte, war es Ungarn, das in der Nacht zum 11. September 1989 endlich seine Grenzen zu Österreich öffnete und den DDR-Bürgern die Ausreise in den Westen genehmigte. Diese Aktion besiegelte endgültig den raschen Zerfall des Ostblocks und insbesondere der DDR – und von da an ging es steil aufwärts. So steil, dass das Land schon 2001 als Musterschüler unter den Beitrittskandidaten zur EU galt. Seit 2004 ist Ungarn Mitglied. Eine Mitgliedschaft, die allerdings nicht alle Ungarn unbedingt erfreut. Geld und Förderprogramme werden zwar gern angenommen, insgesamt aber wächst die Europaskepsis. Umgekehrt wächst auch in den europäischen Hauptstädten der Unmut über das Land. Kaum ein anderes Mitglied treibt die EU-Partner derart oft an die Sorgentelefone. Medienfreiheit, die Reform des Wahlrechts, die Unabhängigkeit der Richter, die erzwungenen Preissenkungen für die Energiekonzerne, die Sonderabgaben für ausländische Banken … Die Diskussion ist rege, und bis sie beendet wird, kann ich vor allem einen Rat geben: Besucht Ungarn, aber geht nur morgens in ein Thermalbad. Das Wasser wird zwar täglich erneuert, aber in den 36 bis 38 Grad warmen Becken vermehren sich die Bakterien trotzdem wie verrückt. Und da jedem Besucher unweigerlich ein paar Körperflüssigkeiten entwischen … Also: Je später der Abend, desto angereicherter das Badewasser – und ich spreche hier nicht von wertvollen natürlichen Mineralien. Angenehmes Baden allerseits!

15. RUMÄNIEN

Ostern mal ganz anders

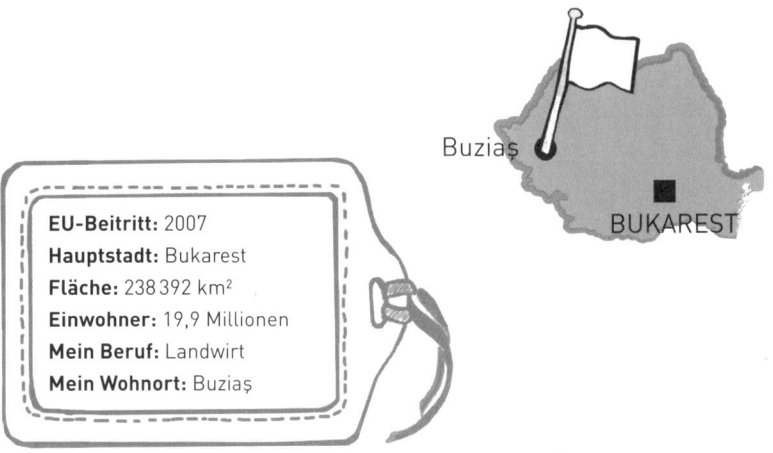

Buziaș

BUKAREST

EU-Beitritt: 2007
Hauptstadt: Bukarest
Fläche: 238 392 km²
Einwohner: 19,9 Millionen
Mein Beruf: Landwirt
Mein Wohnort: Buziaș

»Ich wusste, dass ich zumindest drei Gräber finden musste – die drei Gräber, die von den Vampirfrauen bewohnt wurden, die Madam Minna und mich in der letzten Nacht so bedrängt hatten, mit ihrem schwellenden Fleisch, ihren sündigen, roten Lippen und ihren süßen Stimmen.« Ja, der hat schon was erlebt, der gute Professor Abraham van Helsing, seines Zeichens Romanfigur und Widersacher von Dracula, dem wahrscheinlich bekanntesten Rumänen der Welt. Der Roman basiert auf der Legende vom rumänischen Fürsten Vlad III. Drăculea, erschien 1897 und jagte den Lesern damals einen wohligen Schauer über den Rücken. Und weil's so schön gruselig war, stieg die Zahl der Rumänienreisenden plötzlich schlagartig an.

Heute durch Rumänien zu reisen ist zwar nicht mehr gruselig, aber ich gebe offen zu: Wenn Rumänien nicht seit 2007 Mitglied in der

EU wäre und deshalb in mein Projekt gehörte, stünde das Land nicht unbedingt auf der »Top Ten«-Liste der Länder, die ich unbedingt besuchen wollte. Wobei ich wieder einmal sagen muss: Auch hier sind die Menschen wundervoll. Offen, warmherzig und fröhlich. Man kann daraus sicherlich keine allgemeingültige Regel ableiten, aber mich beschleicht langsam das Gefühl, je ärmer das Land, desto hilfsbereiter die Menschen, und je abgelegener die Gegend, desto größer die Freude über ausländische Besucher.

Ich bin hier übrigens Bauer, beziehungsweise ich arbeite in einem landwirtschaftlichen Betrieb. Warum ausgerechnet hier? Weil in Rumänien 29 Prozent der Bevölkerung von der Landwirtschaft leben, mehr als in jedem anderen Land Europas. Zum Vergleich: In Deutschland liegt der Anteil bei gerade mal 1,6 Prozent, das sind ganze sechzehn Mal weniger! 15 Millionen Hektar Ackerland gibt es hier – eine der größten landwirtschaftlich nutzbaren Flächen Europas. Und die Bodenqualität ist großartig. Tatsächlich ist Rumänien mit durchschnittlich bis zu 80 Bodenpunkten eines der fruchtbarsten Fleckchen der Erde. Für alle Nichtlandwirte: Der optimale Boden hat eine Punktzahl von 100, und es gibt ihn in Deutschland nur in der Hildesheimer, der Soester und in der Magdeburger Börde. Aber: So fruchtbar das Land in Rumänien auch ist, so schlecht wird es beackert.

Noch liegt rund die Hälfte der Flächen brach. Warum? Nun, während des Kommunismus wurden die früheren Landbesitzer enteignet. Nach der Wende bekamen sie ihr Land zwar wieder, allerdings nur maximal zehn Hektar pro Familie. Bauern, die nichts besaßen, wurde ein bisschen Land geschenkt. Und das heißt: Viele kleine Landflächen sind heute im Besitz von vielen Familien. Das Prinzip gleicht einer übertriebenen Zerstückelung, einer Art Agrarkonfetti. Die Flächen sind zu klein, um sie wirtschaftlich zu beackern, auf den meisten wird deshalb nur angebaut, was man für die Selbstversorgung braucht. Im Prinzip genau das, was auch mein Opa in seinem Garten macht – und das hat mit internationaler Wettbewerbsfähigkeit nicht allzu viel zu tun.

Landwirtschaft ist heute ein hochmechanisierter Industriezweig, in dem zu Weltmarktpreisen abgerechnet wird. Auf dem Saatgut liegen Patente und Lizenzen, moderne Traktoren haben im Durchschnitt 300 PS, sind technisch in vielen Punkten ausgereifter als jeder Hightechsportwagen. Ohne ein längeres Studium der Betriebsanleitung kriegt man so ein Ding meist nicht einmal an. Wer Landwirt sein will, braucht folglich Geld. Und wer Geld verdienen will, braucht etliche Hektar Land, die er pachten oder kaufen muss – und natürlich braucht es eine Bank, die all die notwendigen Anschaffungen finanziert. Man hat es also gar nicht leicht, und in Rumänien sind diese Dinge besonders schwer zu bewerkstelligen …

Es sei denn, man gehört zu den Landwirten, bei denen ich arbeite. Die beiden sind vor rund 20 Jahren aus dem Elsass nach Buziaş gekommen, eine rund 7700 Einwohner zählende Stadt im Westen Rumäniens, die etwa eine Autostunde von Timişoara entfernt liegt. Heute bewirtschaften Philippe und Alfred etwa 5000 Hektar Land, eine gewaltige, an die 7000 Fußballfelder entsprechende Fläche, auf der sie Mais, Getreide und allerlei andere Feldfrüchte anbauen.

Wie in anderen Ländern auch spreche ich kein Wort der Landessprache. Außerdem habe ich zuvor niemanden in Rumänien gekannt. Wie also, kann man sich fragen, habe ich einen Job auf diesem Bauernhof gefunden? Im Gegensatz zu vielen anderen Unternehmen betreiben Landwirte in der Regel ja keine eigene Internetseite … Der Zufall und ein bisschen Glück haben mir geholfen: Im Fernsehen lief eine Sendung über Auswanderer aus dem Elsass – über zwei Landwirte, nämlich Philippe und Alfred, die ihr Glück dort gesucht haben, wo andere der Meinung sind, man könne gar nichts finden. Für die beiden war der Ortswechsel eine Form der Rückkehr. Denn nach dem Zweiten Weltkrieg mussten etliche Nachfahren deutscher Einwanderer in Rumänien das Land wieder verlassen. Viele deutschstämmige Flüchtlinge aus Ungarn, Jugoslawien und Rumänien kamen so in den Südwesten Deutschlands, und eine ganze Reihe fand auch im benachbarten Elsass eine neue Heimat.

Besonders habe ich mich darauf gefreut, Traktor fahren zu lernen, und die Chancen darauf standen gut. Denn im März muss das Sommergetreide ausgesät werden, da ist der Trecker das wichtigste Werkzeug. Aber: Es regnet. Nicht unbedingt in Strömen, aber genug, um die Böden aufzuweichen. Wer sich jetzt auf den Acker wagt, steckt bald fest, und weil der Boden nicht nur nass und schwer, sondern wegen des hohen Lehmanteils auch enorm klebrig ist und das Profil der Reifen sofort dicht macht, braucht man dann mindestens noch einen zweiten Trecker, um den einen, der sich festgefahren hat, wieder vom Acker zu holen.

Maschinenwartung ist der einzige Job, der mir bleibt. Doch auch wenn einige Rumänen während ihrer Saisonarbeit in anderen Ländern ein paar Brocken Spanisch oder Portugiesisch gelernt haben, die Verständigung für mich bleibt in diesem Fall schwierig. Zumindest zu schwierig, um sich über technische Dinge zu unterhalten. Da ich als Landmaschinentechniker also nicht wirklich zu gebrauchen bin, werde ich zu Geschäftsterminen mitgenommen. Wer einen so großen landwirtschaftlichen Betrieb hat, hat ziemlich viele Geschäftstermine: Die Bank will einen Bericht; ein Teil der noch nicht mal ausgebrachten Ernte wird bereits zum Kauf angeboten; und um weitere Hektar zu pachten, müssen Notare und andere Mittelsmänner kontaktiert werden. Außerdem werde ich der Verwandtschaft und Freunden vorgestellt, die alle – wie so oft in abgelegenen, ländlichen Orten – sehr, sehr gastfreundlich sind, besonders an Ostern. Überall wird mir etwas zu trinken und zu essen angeboten, ein »Nein danke!« lässt niemand gelten, und meistens wird danach auch noch Schnaps serviert.

Für griechisch-orthodoxe Christen ist Ostern das höchste Kirchenfest des Jahres. Es fällt (weil die orthodoxe Kirche ihre Feiertage noch nach dem julianischen Kalender berechnet) immer auf den ersten Sonntag nach dem ersten Frühlingsvollmond und teilt sich in verschiedene Abschnitte. Die Fastenzeit beginnt am Rosenmontag. Milch, Fleisch und Fisch sind ab jetzt verboten, wer Hunger hat, darf bis zur Karwoche nur noch Tintenfisch und Muscheln essen, weil die angeblich kein Blut haben. Das stimmt natürlich nicht, auch durch die Körper dieser Tiere fließt Blut, nur ist es blau, da es statt Eisen vor allem Kupfer enthält. Aber wer will schon kleinlich sein …

Von Donnerstag bis Sonntag früh um Mitternacht dominiert die Kirche das Leben. Denn nachdem der Pope die Auferstehung verkündet hat und die Gläubigen sich in die Arme gefallen sind, wird gefeiert: Die heilige Flamme wird nach Hause getragen, die Familien kommen zusammen, brechen das Fasten, grillen ein Lamm, eine Ziege oder ein Schaf – und selbstverständlich fließt auch reichlich Alkohol. Erst habe ich ein Weinglas vor mir, schließlich zwei: eines für Rot-, das andere für Weißwein. Und wie durch Magie werden sie nie leer, sondern scheinen sich immer wieder von selbst zu füllen. Dazu gibt es immer wieder ein paar »Schnapsilli« (sogar drei volle Gläser gleichzeitig): Gebrannter in jeder Geschmacksrichtung. Es kommt mir vor, als hätte irgendjemand Angst, dass ich nicht genug essen und trinken würde. Ein leeres Glas? Nicht in Rumänien, nicht zu Ostern!

Die Menschen sind so nett, die Stimmung ist so gut, glatt könnte man vergessen, dass Rumänien keine besonders leichte Vergangenheit hatte: zunächst die Weltkriege, bei denen Rumänien zwar versucht hat, neutral zu bleiben, beide Male aber hineingezogen wurde und einen gewaltigen Blutzoll zahlte. Von den Westmächten verlassen, fiel Rumänien 1945 unter die Kontrolle der Russen. Politische Parteien wurden verboten, ihre Mitglieder verhaftet, und nachdem 1947 König Mihai I. in die Schweiz flüchten musste, wurde die Volksrepublik ausgerufen, der Beginn der Diktatur: Unterdrückung des Volkes, Verstaatlichung der Banken und Industriebetriebe.

1965 kam Nicolae Ceauşescu, der Sohn eines einfachen Bauern, an die Macht. Er bezeichnete sich selbst als »Conducător«, Führer, ließ zu seinen Geburtstagen Lyrikbändchen mit Lobeshymnen auf sich selbst herausgeben und gab sich Namen wie »Großer Kommandant«, »Titan der Titanen«, »Glorreiche Eiche aus Scorniceşti« oder »Sohn der Sonne«. Kurz: Er war total durchgeknallt. Das größte Problem aber war seine Wirtschaftspolitik. Die erzwungene Industrialisierung führte zu einer schnellen Ermüdung der eigenen Ressourcen. Das Land verschuldete sich, und 1980 stand Rumänien bei westlichen Kreditnehmern mit immerhin 10,8 Milliarden Dollar in der Kreide. 1982 erklärte Rumänien seine Zahlungsunfähigkeit. Brüskiert von den Forderungen der westlichen Kreditgeber, die ihm in seine Wirtschaftspolitik – als Gegenleistung für die neuen Kredite und die Umschuldung – hineinreden wollten, beschloss Ceauşescu, ab sofort keine Neuverschuldung mehr zu dulden, keinen einzigen Dollar mehr aufzunehmen und alle Schulden zu tilgen. Wie? Durch einen knallharten Sparkurs. Lebensmittel und Energie wurden rationiert, und um die Bevölkerung noch weiter zum Sparen zu zwingen, führte er den sogenannten Globalakkord ein: Den vollen Lohn sollte es nur noch geben, wenn bestimmte Planziele erreicht wurden – die wegen der fehlenden Rohstoffe und Energie gar nicht erreicht werden konnten. Die Bevölkerung vegetierte dahin: pro Wohnung nur eine Glühbirne mit 15 Watt, keine Heizung im Winter, kaum etwas zu essen. Wer aus dem Land herauswollte, musste »für seine erhaltene Schulbildung« eine »Auswanderersteuer« bezahlen, Briefe aus dem Ausland wurden zensiert. In weniger als zehn Jahren waren alle Schulden getilgt, das Land aber war kaputtgespart. Kein Land war ärmer, niemand litt stärker als die Rumänen.

Erst 1989 gelang es dem Volk, die Diktatur zu zerschlagen. Am 15. Dezember begann unweit von Buzias, in Timişoara, die Revolution. Mehr als 10 000 Rumänien protestierten gegen das Regime von Diktator Nicolae Ceauşescu. Der Wunsch nach Freiheit endete in einem Massaker. Armee und Geheimpolizei schossen auf die Demonstranten. Offiziell sollen es 153 Tote gewesen sein, wie viele wirklich starben, weiß niemand. Genau eine Woche dauerten die Kämpfe in der Stadt, dann erst griffen sie auf das ganze Land über. Als der Diktator am 22. Dezember zu einer Volksversammlung aufrief, bahnte sich die Wut des Volkes ihren Weg. Es kam zu einer Revolution, noch mehr Menschen starben, der Diktator und seine Familie wurden gefangen genommen und am Weihnachtstag hingerichtet.

Der Kommunismus ist tot, es lebe der Kapitalismus – und der ist auch nicht leicht zu ertragen. Der Weg in die Freiheit ist für Rumänien nach mehr als 20 Jahren noch immer steinig: Fehlentscheidungen, Erfahrungsmangel, politischer Kampf, fehlende Einigkeit der politischen Parteien, zu viel Korruption, dementsprechend eine langsame Entwicklung der Wirtschaft – nur zehn Prozent der Rumänen zählen zum Mittelstand. Es könnte besser laufen …

Was ich persönlich von Rumänien halte? Ich finde es großartig. Es ist ein Land, das sich zu entdecken lohnt. Nicht für ein Wochenende, nicht unbedingt wegen der Sehenswürdigkeiten, sondern vor allem wegen der großartigen Menschen. Darauf ein »Schnapsilli«!

16. KROATIEN

»Pack schlägt sich, Pack verträgt sich«

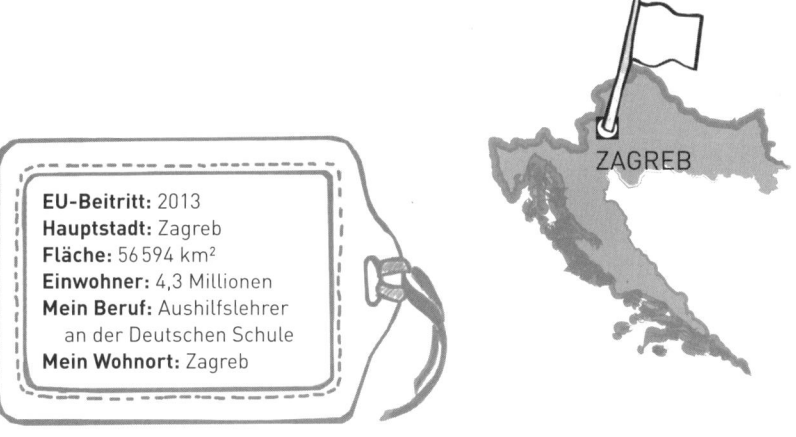

ZAGREB

EU-Beitritt: 2013
Hauptstadt: Zagreb
Fläche: 56594 km²
Einwohner: 4,3 Millionen
Mein Beruf: Aushilfslehrer
an der Deutschen Schule
Mein Wohnort: Zagreb

Kroatien? Was weiß man über Kroatien? Hand aufs Herz· »Tolles Urlaubsland!« Mediterranes Klima, direkt an der Adria. Wunderschöne Strände, himmlische Buchten, viele, viele kleine Inseln (so klein, dass sie manchmal noch nicht einmal Platz für Vokale haben, wie zum Beispiel »Krk«). So schön wie Italien, nur billiger. Und sonst noch? Kroaten sind zwar nett, aber auch besonders laut, rau und streitlustig. Das haben mir zumindest ihre slowenischen Nachbarn verraten, bei denen ich vor ein paar Wochen zu Gast war. Und da Kroaten und Slowenen bis vor gerade einmal zwanzig Jahren noch im selben Land vereint waren, müssen sie es ja wissen. Aber sonst, über Kroatien – nicht so viel, oder? Macht nichts, ging mir genauso.

Kroatien war insofern ein besonderes Land auf meiner Reise, als dass es zum damaligen Zeitpunkt noch gar nicht Mitglied der EU war. Es sollte erst im darauffolgenden Jahr eintreten. Auslassen wollte ich das Land deshalb aber nicht. Und da ich weder auf einen Arbeitsvertrag noch auf eine Bezahlung hoffen konnte, hoffte ich, ähm … bei der Feuerwehr mitarbeiten zu können. Die Chancen standen gut, da die kroatische Feuerwehr ständig nach neuen Freiwilligen suchte, die Idee zerschlug sich dann allerdings doch. Kurz vor meiner Abreise nach Zagreb nämlich fiel irgendjemandem auf, dass da nicht etwa ein ausländischer Kollege zur Visite kommen wollte (was ich allerdings nie behauptet hatte), sondern jemand, der keine Ahnung von der Brandbekämpfung hatte. Na ja, war ja auch naiv von mir, aber einen Versuch war es wert. Und jetzt?

Schule! Die Idee kam von einem Bekannten von mir und ich fand sie einleuchtend. Warum? Nun ja, ich spreche Deutsch, Englisch und Französisch fließend, habe ein naturwissenschaftliches Studium absolviert und bin nicht auf den Mund gefallen. Die Deutsche Schule in Zagreb, eine von 140 deutschen Auslandsschulen weltweit, ist zunächst etwas zögerlich. Aushilfslehrer? Nun ja … vielleicht … mal sehen. Aber am Ende heißt es dann doch: »Kommen Sie mal vorbei!« Also stehe ich pünktlich zum Schulanfang am Schultor – nur um kurz darauf zu erfahren, dass ich nicht einmal die Nachhilfestunden in Mathe oder Physik geben darf. Stattdessen: »Dieses Europaprojekt, mit dem Sie sich gerade beschäftigen, könnten Sie unseren Schülern etwas darüber erzählen?« Mist, da bin ich wohl unter Vorspiegelung falscher Tatsachen von der Leiterin der deutschen Abteilung hergelockt worden. Aber da ich einmal hier bin, habe ich wohl keine andere Wahl. Außerdem passt mein Auftauchen zeitlich ganz gut, da jetzt im Jahr 2012 so kurz vor dem EU-Beitritt die Spannung natürlich groß ist. Jeder im Land fragt sich, was ihn wohl erwarten wird. Vor allem: was für Möglichkeiten man wohl haben wird. Über zwei Dutzend Länder, in die man als junger Mensch gehen kann, wenn man eine Alternative zum Heimatland sucht. Um dort zu studieren, zu arbeiten …

Kroatien

Tatsächlich suchen viele junge Kroaten so eine Alternative. Denn das Land, so schön, wie es ist, bietet nicht allen eine Perspektive. Die Folgen des 1991 ausgebrochenen und vier Jahre anhaltenden »Kroatienkrieges« belasten das Land noch immer. Das damals bereits wirtschaftlich unterentwickelte Gebiet hat zusätzlich an Bevölkerung verloren, für den Wiederaufbau ist oft genug kein Geld da – oder es wird für die weiterhin unverzichtbare Räumung von Minen gebraucht. Entsprechend groß ist tatsächlich das Interesse am »Europaprojekt«.

Und auch in Sachen »Couchsurfing« bin ich erfolgreich. Ich lebe in einer kleinen Studenten-WG. Die Studentinnen heißen Marina, Nives und Vida, und sie sind nicht nur hübsch, sondern auch wahnsinnig nett (wobei sie ihre Sympathien auf eine Art zeigen, die auf dem Balkan wohl typisch, uns aber eher fremd ist: Ich umschreibe es mal vorsichtig mit den Sprichwörtern »Pack schlägt sich, Pack verträgt sich« und »Was sich neckt, das liebt sich«). Ständig ist irgendetwas los, jeden Abend Programm, und am Ende der Woche habe ich ungefähr ein Dutzend neue Freunde und Bekannte. Freunde? Ja, absolut, Marina, Nives und Vida werden gefühlt zu Schwestern von mir. Der Kontakt besteht noch heute, und mittlerweile war ich noch zweimal zu Besuch in Kroatien.

Was mir in Kroatien besonders auffällt, das sind die wenigen, jedoch überall auffindbaren, hingeschmierten Hakenkreuze, Runen und anderen Nazisymbole. Sie prangen an Mauern und Garagentoren, und niemand scheint sich dafür zu interessieren. Weggemacht werden sie jedenfalls nicht. In Deutschland oder Frankreich? Da wäre sofort ein Reinigungstrupp zur Stelle. Hier aber? Man sieht die Schmiererei, kommt zwei Tage später an der gleichen Stelle noch einmal vorbei – und sieht die Schmiererei noch immer. Woran liegt das? Leben in Kroatien lauter Faschisten? Nein, das nun wohl nicht.

Eine Erklärung findet sich vielleicht in der Geschichte: 1929 wurde die »Ustascha« gegründet. Sie war einer der zahlreichen Geheimbünde, die in der Zeit der Nationalitätenkämpfe auf dem Balkan entstanden. Die Mitglieder der Ustascha setzten auf den Terrorismus als Mittel zur Durchsetzung ihres Zieles einer unabhängigen kroatischen Nation. Damals waren die Kroaten noch Bestandteil des sogenannten ersten, königlichen Jugoslawien, in dem die Serben die größte Volksgruppe und den König stellten. Ustascha hatte zwei Feindbilder: die Staaten, auf die die Angehörigen ihres Volkes verteilt waren, und zum anderen die Menschen anderer Volksgruppen, die zwar seit Jahrhunderten ihre direkten Nachbarn waren, mit denen sie aber eine Erbfeindschaft verband. Als Hitler den Mitgliedern der Ustascha die Unabhängigkeit Kroatiens versprach, falls die Kroaten mit beziehungsweise für ihn kämpfen würden, griffen sie zu den Waffen.

Nazisymbole sind in Kroatien deshalb in erster Linie Antiserbensymbole. Insbesondere der von 1991 bis 1995 ausgetragene Kroatienkrieg (mit dem die Kroaten letztendlich ihre Unabhängigkeit erlangten) hat im Land nicht zu einem besseren Image der Serben beigetragen. Dennoch bleiben die Graffitis für mich verstörend, egal, wie man sie zu erklären versucht.

Heute ist Kroatien noch immer ein Vielvölkerstaat mit zahlreichen Minderheiten: Sinti, Roma, Bosniaken, Serben, Ungarn, Albanern, Slowenen, Montenegrinern, Slowaken, Mazedoniern … Die gewaltsamen Auseinandersetzungen sind nun friedlichem Konkurrenzdenken gewichen – und als Reisender kann man das ausnutzen. Insbesondere zu Slowenien pflegen die Kroaten eine intensive Beziehung. Jedes Mal, wenn ich gegenüber meinen Gastgeberinnen bemerke, wie gut ich in Slowenien empfangen wurde und dass ich das eine oder andere in Slowenien schon erlebt, gegessen oder getrunken haben, überschlagen sie sich förmlich vor Eifer, die slowenische Freundlichkeit noch zu toppen. Ein tolles Spiel, das ich nur empfehlen kann (funktioniert übrigens auch mit anderen Länderkombinationen, etwa mit Frankreich und England, Irland und England, Schweden und Finnland …). Wer weitere Bonuspunkte bei der Lokalbevölkerung sammeln will, kann auch diesen Witz erzählen:»Kako slovenci isu na more? – Jedan po jedan!«(»Frage: Wie gehen Slowenen ins Meer? – Antwort: Einer nach dem anderen.«) Tipp für den, der die Pointe nicht versteht: auf eine Landkarte schauen.

Ob Lehrer für mich eine Alternative für die Zukunft sein könnte? Na ja, richtig unterrichtet habe ich ja nicht, aber die Arbeit mit den Schülern hat mir Spaß gemacht. In den vergangenen Monaten habe ich 15 Länder durchquert und in ihnen gearbeitet. Ein bisschen was zu erzählen habe ich durchaus.

Und gern erzähle ich meinen Schülern zum Beispiel von dem Strafzettel, den ich als Fußgänger beinahe bekommen hätte. In Frankreich dient die Farbe der Ampeln nämlich lediglich dazu, den Fußgängern zu signalisieren, ob die Autos stehen oder fahren. Wenn er dann bei Rot trotzdem losgeht, muss er halt sehen, wie er klarkommt. Unnützes Warten ist dem Franzosen eine Qual, es ist ineffizient. Wenn man Platz und Zeit hat, die Straße zu überqueren, dann tut man das auch. Die Polizei stört das nicht, und bei mir sitzt die Gewohnheit, Straßen zu überqueren, sobald kein Auto in der Nähe ist, tief. Auch bei Rot. Und hier? Tja, hier ist das nicht so: Kaum war ich drüben, stand da ein netter Herr von der »Policija« und zückte seinen Block. Ausreden ließ er nicht gelten, das Abenteuer im Straßenverkehr interessierte ihn nicht, und auch dass ich nur ein unerfahrener Ausländer war und das Überqueren der Straße bei roter Ampel in meiner Heimat so etwas wie ein Nationalsport ist, ließ ihn kalt. Was mich rettete, war, dass ich erstens nicht genug Geld bei mir hatte, um die Strafe direkt zu zahlen –

und zweitens die Bequemlichkeit der Verwaltung. Einen Strafzettel nach Frankreich zu schicken war den Behörden dann nämlich doch zu doof. Glück gehabt!

Für diejenigen, die die Pointe des Witzes noch immer nicht verstanden haben: Während Kroatien über 1700 Kilometer Küstenlänge verfügt (es sind sogar über 5800 Kilometer, wenn man die Inseln mitrechnet), hat Slowenien gerade mal 46 Kilometer. Während alle Kroaten gleichzeitig baden gehen könnten, haben die Slowenen gerade genug Platz, um einzeln und nacheinander ins Meer zu gehen.

17. POLEN

Warum Spanien wirklich die EM gewann

Gniewino

WARSCHAU

EU-Beitritt: 2004
Hauptstadt: Warschau
Fläche: 312 679 km²
Einwohner: 38,5 Millionen
Mein Beruf: Hotelangestellter
Mein Wohnort: Gniewino

»Hello, my name is Jan Lachner, calling from Paris. Do you speak English?« – Gebrabbel, irgendwas auf Polnisch, dann: »No English.« Na gut, dann eben nicht auf Englisch. Auf Deutsch vielleicht? »Niemiecki?« – »No.« – »Francuski?« – Französisch? – »Haha, no, no.« O.k., Schluss, aus, Ende vom Lied. Ich spreche kein Polnisch, genauso wenig wie Russisch, das hätte vielleicht noch funktioniert. »O.k., ähm … sorry, bye.« So verlaufen alle meine ungefähr 20 Telefonate, vor denen ich eigentlich gehofft hatte, einen Job im Bergbau zu ergattern. Denn »Kumpel«, das ist ein typisch polnischer Beruf. Derzeit werden in Polen mehr als 50 verschiedene mineralische Rohstoffe aus der Erde gebuddelt: Steinkohle, Braunkohle, Kupfererz, Salz, Schwefel sowie Blei- und Zinkerze. Polen deckt zu über 95 Prozent seines Elektrizitätsbedarfes aus der Kohle. Aber: Ich spreche kein Polnisch.

Also fange ich in einem Hotel an, in Gniewino, einem abgelegenen kleinen Ort im Norden des Landes, unweit der Küste. Eigentlich »voll in der Pampa«, andererseits komme ich in einem besonderen Moment: Denn in zwei Wochen wird die Europameisterschaft 2012 in Polen und der Ukraine angepfiffen. Kiew ist zwar über drei Flugstunden entfernt, und auch nach Warschau ist man von hier mit dem Auto mindestens fünf Stunden unterwegs. Dennoch hat die »Real Federación Espanola de Fútbol«, der königlich-spanische Fußballverband, ausgerechnet mein Hotel an diesem kleinen Ort im Nirgendwo zum Wohnquartier ihrer Nationalmannschaft auserkoren.

———•———

Ob die Herren in Madrid gewusst haben, was sie in Polen anrichten? Chaos im Dorf! Frühjahrsputz im Hotel, Ausnahmezustand im Tourismusbüro! Außerdem musste der zum Sporthotel Mistral gehörende Fußballplatz auf Vordermann gebracht werden, denn schließlich brauchen die Spieler der »roten Furie« ja einen anständigen Trainingsrasen …

Ich lande also im allerschönsten Chaos, und meine Hilfe wird überall gebraucht. Und weil in so einem kleinen Ort jeder jeden kennt, bekommt auch das Touristenbüro schnell mit, dass da oben im Hotel ein »Neuer« ist. Ob der vielleicht ein touristenfreundliches Video drehen könnte? »Gniewino aus Sicht eines Fremden« zum Beispiel. Oder: »Die Spanier kommen – ein Dorf in Vorbereitung.« Na, dann mal los! Ich strotze nur so vor Ideen: die weißen Linien auf dem Trainingsplatz zum Beispiel. Noch ist da nichts zu sehen, aber wenn man die Linien zöge, dann könnte man das filmen und die Aufnahmen später im Zeitraffer abspielen. Guter Effekt, so was sieht doch immer gut aus! Aber denkste: Ich darf noch nicht mal einen Zeh auf diesen »heiligen Rasen« setzen, geschweige denn mit einem Kreidewagen irgendwelche Linien ziehen. Strengstens verboten, es sei denn, man gehört dem dafür zuständigen Fachunternehmen an. Und wer denkt, nur die Deutschen wären bürokratisch, der hat noch nichts mit Fußballverbänden zu tun gehabt. Da darf nicht einfach irgendwer irgendetwas machen, da muss man als Unternehmen offiziell zertifiziert sein!

Ich hatte noch andere Ideen: Zum Beispiel wollte ich die Reihe der Fahnenmasten neu sortieren, passend zur EM, nach dem FIFA-Ranking. Dann wäre Spanien auch ganz vorn gewesen. Abgelehnt – so wie jeder andere meiner Vorschläge. Wie soll man unter diesen Umständen denn einen anständigen, aufregenden Film machen?

Der Rest der Woche war deshalb eher durch körperliche Arbeit geprägt, denn das Hotel gab sich alle Mühe, den Spaniern einen großartigen Aufenthalt zu ermöglichen. Stand ja auch ziemlich was auf dem Spiel: Spanien war amtierender Welt- und Europameister, ein dritter Titel in Folge würde Fußballgeschichte schreiben. Und überhaupt: Wann wird der kleine Ort wieder so viel Aufmerksamkeit bekommen? Also schnappe ich mir einen Spaten und eine

Schubkarre und schließe mich einer Kolonne an, die an einem Hang ein Blumenbild anfertigt. Der Name der Stadt in gewaltigen Lettern aus Blumen … Könnte ja sein, dass sich ein Hubschrauber hierherverirrt.

Außerdem helfe ich, den Garten und die Anlage auf Vordermann zu bringen, wobei es mir, ehrlich gesagt, schwerfällt, die Begeisterung der anderen Gärtner zu teilen: »Total cool, verstehst du? In drei Wochen wird Iker Casillas (der Torhüter der spanischen Elf) hier am Balkon seines Zimmers stehen und diese Hecke betrachten!« »Ja klar!«, der wird da stehen, auf die Hecke gucken und sich verwundert fragen, wer dieses Meisterwerk des Heckenschnitts wohl vollbracht hat. Und wenn Spanien gewinnt, dann nur, weil die Spieler aus der Schönheit der Hecke Inspiration und Kraft gezogen haben … Okay, ich find es im Grunde ja großartig, wenn jemand aus seiner Arbeit so viel Befriedigung ziehen kann. Aber ich hatte mir von dieser Woche ehrlicherweise ein bisschen mehr erhofft.

Am Ende bin ich mit Muskelkater abgereist, »das Wunder von Kiew« habe ich vor dem Fernseher erlebt. Nach dem Gewinn der EM 2008 und der WM 2010 fetzen die Spanier Italien mit einem 4 : 0 vom Platz und reservieren sich so einen Platz in der Fußballgeschichte. Das erste europäische Team, das zum dritten Mal in Serie einen großen Titel gewinnt, außerdem das erste Team, das die Europameisterschaft verteidigt. Olé!

Das schöne Blumenbild hat übrigens später kaum jemand gesehen. Die Spanier nämlich hatten den Ort abgeriegelt, außer den Bewohnern kam niemand rein, und mit dem Flugzeug wollte auch niemand drüberfliegen. Casillas aber spielte ein fantastisches Turnier. Gut möglich, dass das auch ein Verdienst der so wunderbar geschnittenen Hecke war.

18. FRANKREICH

Am Puls der EU

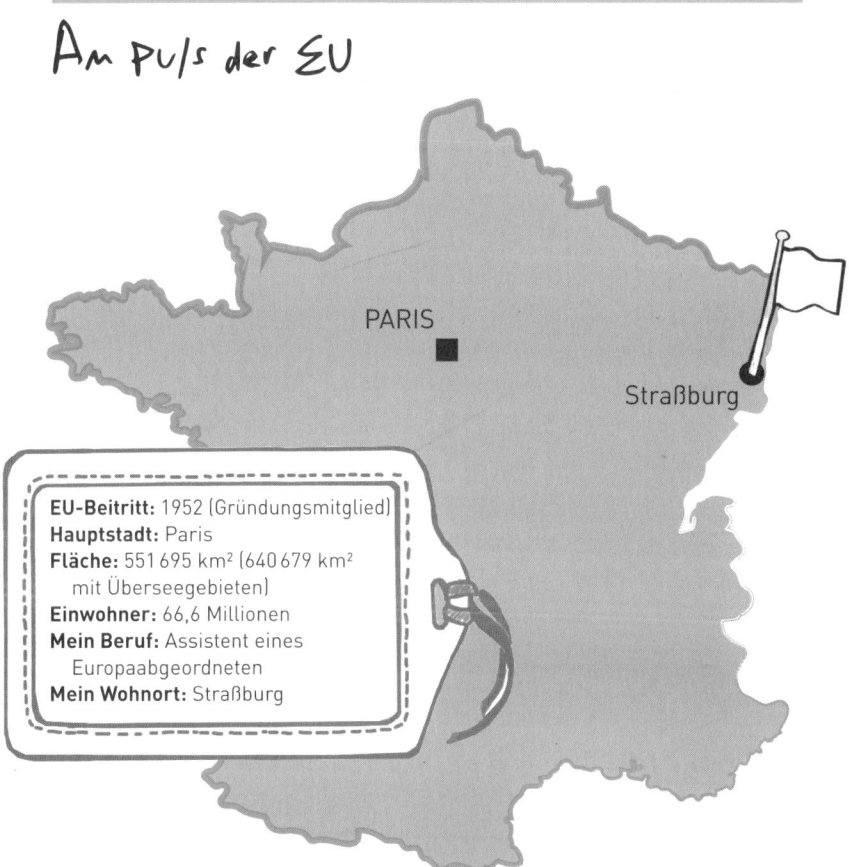

PARIS

Straßburg

EU-Beitritt: 1952 (Gründungsmitglied)
Hauptstadt: Paris
Fläche: 551 695 km² (640 679 km²
  mit Überseegebieten)
Einwohner: 66,6 Millionen
Mein Beruf: Assistent eines
  Europaabgeordneten
Mein Wohnort: Straßburg

»Was halten Sie von Europa?« Also, das ist eine etwas kniffelige Frage. Man kann für Europa sein und trotzdem genervt davon, dass sich Europas sogenannte Bürokraten in alles einzumischen scheinen. Manche Menschen sind für einen Staatenbund, aber gegen eine gemeinsame Währung. Wieder andere sehen die Vorteile, glauben aber nicht, dass wirklich jedes Land aufgenommen werden müsse. Und dann gibt's Leute wie mich, die der Meinung sind, dass Europa noch bei Weitem nicht fertiggestellt ist, dass es einer noch größeren grenzüberschreitenden Zusammenarbeit und politischen Vertiefung der Union bedarf. Kurz: Ich bin für die »Vereinigten Staaten von Europa«.

Nicht, weil das so ein schöner Gedanke ist, sondern weil ich glaube, dass die großen Herausforderungen unserer Zeit nur im »großen Maßstab« gelöst werden können: die Energiewende, der Klimawandel, die Ressourcenknappheit, die Sicherung des Friedens … Bei diesen Themen hat die gemeinsame Stimme von mehr als 500 Millionen Menschen (die auch noch die größte Wirtschaftsmacht der Welt darstellen) nun mal mehr Gewicht als die Stimme eines jeden einzelnen Landes.

Es war ein Franzose, der Außenminister Robert Schuman, der diese Idee am 9. Mai 1950 zum ersten Mal aussprach. In einer Rede setzte er sich für die Schaffung einer europäischen Zusammenarbeit im Bereich Kohle und Stahl ein, die sogenannte Montanunion. Sein Gedanke: Wenn die für den Wiederaufbau der durch den Krieg zerstörten Länder so wichtige Schwerindustrie gemeinsam verwaltet wird, dann kann kein Land der Gemeinschaft gegen ein anderes aufrüsten. Und das funktioniert ja auch. Schauen Sie Nachrichten – fortwährend gehen sich in irgendwelchen Ländern irgendwelche Gruppen gegenseitig an die Gurgel, nicht aber innerhalb der EU. Mit der Ausnahme des Balkans und der Ukraine erleben wir zurzeit im Rest Europas den längsten Frieden seit dem Römischen Reich. Allein dafür bin ich schon ein Fan von Europa!

Als ich die Gelegenheit bekomme, eine Woche im Europäischen Parlament zu verbringen, sage ich deshalb sofort zu. Tatsächlich handelt es sich um die größte direkt von den Bürgern gewählte demokratische Institution Europas: rund 750 Abgeordnete (die »Members of the European Parliament«, kurz: MEPs), die mehr als 500 Millionen Europäer vertreten und gut die Hälfte aller Gesetze mittels europäischer Richtlinien prägen oder per Verordnungen direkt verabschieden. Diese werden dann in den einzelnen Ländern angewandt.

Anlässlich einer Plenarsitzung im Straßburger EU-Parlament schließe ich mich dem Assistenzteam des luxemburgischen Abgeordneten Georges Bach an. Er sitzt seit 2009 für die Christlich-Soziale Volkspartei (CSV) im Parlament (in der Fraktion der Europäischen Volkspartei, zu der auch die CDU gehört) und beschäftigt sich dort – als ehemaliger Angestellter der luxemburgischen staatlichen Bahn SNCFL und Vorsitzender der Christlichen Eisenbahngewerkschaft in Luxemburg – vor allem mit Verkehrsfragen: dem Ausbau des europäischen Schienennetzes für einen wettbewerbsfähigen Güterverkehr, der Verkehrssicherheit und ähnlichen Dingen. Eine komplizierte Thematik, in die ich mich in der kurzen Zeit meines Aufenthalts kaum einarbeiten kann.

Dafür lerne ich viel über das Parlament. Zum Beispiel, dass man keine Fremdsprachen können muss, um in der Politik Europas mitzuspielen. Jeder Abgeordnete kann in der Fraktion, im Ausschuss und im Plenum in seiner Muttersprache reden. Eine kleine Armee von Dolmetschern und Übersetzern sorgt dann dafür, dass die Reden und Schriftstücke in jede der offiziell 24 Amtssprachen übersetzt werden. Die Kosten für die Bewältigung dieses Sprachwirrwarrs liegen bei rund 250 Millionen Euro pro Jahr. Eine Viertelmilliarde! Wahnsinn! Andererseits, wie der ehemalige französische Kommissionspräsident Jacques Delors einmal sagte, ist das »immer noch viel weniger, als ein Tag Krieg kostet«. Das ist auch wieder wahr …

Irgendwann ist nach einem langen Arbeitstag auch in Europa mal Feierabend, zumindest für die Übersetzer. Aus Kostengründen müssen alle Dolmetscher gehen, selbst wenn die Gespräche noch nicht beendet sind. Und dann? Dann gilt ein »Gentlemen's Agreement«, an das sich alle halten müssen: Jeder Gesprächsteilnehmer spricht dann in einer ihm fremden Sprache. Meistens ist das Englisch, Iren und Briten müssen jedoch eine andere Sprache wählen. Und was soll der Irrsinn? Nun, offiziell soll so verhindert werden, dass jemand in seiner Muttersprache alle anderen unter den Tisch redet. Manchmal werden die Gespräche auch ganz bewusst hinausgezögert, zum Beispiel in Verhandlungen mit den Briten, den »Dauerbremsern« in Europa. Da sie durch unterdurchschnittliche Fremdsprachenkenntnisse ihre Ansichtsweisen schlechter verteidigen können, kann man sich nach Feierabend der Dolmetscher leichter gegen sie durchsetzen und eine vorteilhaftere Abmachung erzielen.

Politik ist Strategie, aber ich lerne in dieser Woche, dass Politik auf europäischer Ebene anders abläuft als in den einzelnen Ländern. In Deutschland, Frankreich und den anderen 26 Mitgliedsländern stehen sich Regierung und Opposition gegenüber. Man redet und streitet, und mitunter kracht es gehörig. Und auch wenn es offiziell keinen Fraktionszwang gibt, so weiß jeder, der sich mal für Politik interessiert hat und nicht ganz weltfremd ist, dass die Unabhängigkeit innerhalb der eigenen Partei ihre Grenze hat … Ganz anders auf Europaebene. Die rund 750 Abgeordneten kommen aus etwa 180 unterschiedlichen Parteien, es gibt aber trotzdem nur sieben Fraktionen. Außerdem ist jeder seiner Partei in der Heimat, aber auch seinem Land verpflichtet. Das klingt kompliziert, und für die Abgeordneten ist es das oftmals auch, da sie es nicht jedem recht machen können: Die französischen Sozialdemokraten zum Beispiel wollen ihre Atomkraftwerke behalten, während die in der gleichen Fraktion sitzenden deutschen »Sozis« stolz darauf sind, dass die deutsche Regierung den Atomausstieg beschlossen hat. Gelegentlich kommt es auch vor, dass die Mehrheit der CDU-

Seekrank, kaum Schlaf:
Fischer ist ein »Härtejob«

»Sightseeing? Na klar!«
Touristenberater in Limassol

Meine ersten Flamencoschritte:
nicht so leicht, wie's aussieht

Irland

Im Pub hinter der Bar: mein erstes
perfekt gezapftes Pint Guinness

Immobilienmakler: sieht nach
Bürojob aus, erfordert aber guten
Kundenkontakt

Wie klingt die Schweiz?
Auf dem Alphorn sanft und tief

Liechtenstein

Backen im Akkord, leider
nicht mein Traumjob

Slowenien

»Nieder mit dem Winter!«:
als »Kurent« in Ptuj

Griechenland

Auf den Spuren der Antike:
Archäologe auf dem Peloponnes

Bulgarien

Job zu vergeben:
Zeitarbeitsvermittler in Sofia

Marketingberater in Wien: Manchmal kam das
Fernsehen vorbei — gute Werbung fürs Unternehmen

Tschechien

Bierbrauer:
Putzen gehört dazu,
auch im Biertank

Achtung, Säure! In Bratislava lerne
ich das Batteriegeschäft kennen

Rumänien

»Ferien auf dem Bauernhof«

Kroatien

Welche Möglichkeiten
bietet Europa? Mein Projekt
im Unterricht

Polen

Hausputz für die Ankunft
der »roten Furie«

Frankreich

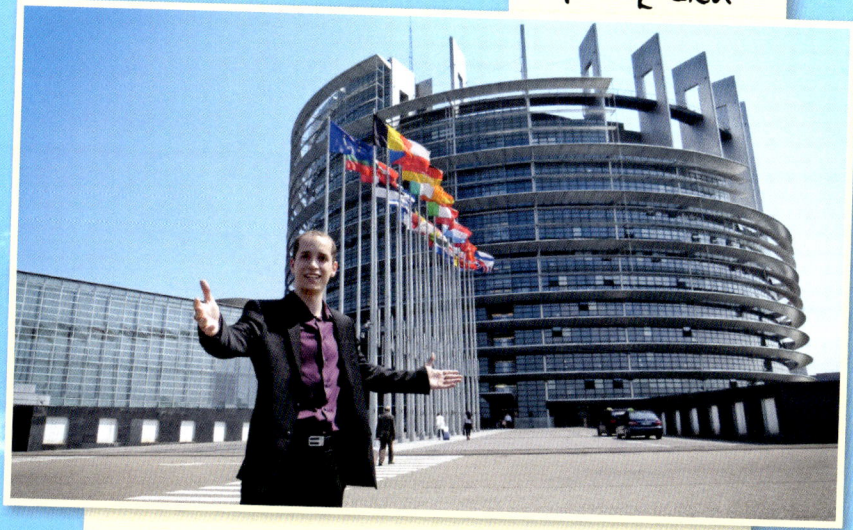

Am Schalthebel Europas:
das Europäische Parlament in Straßburg

Litauen

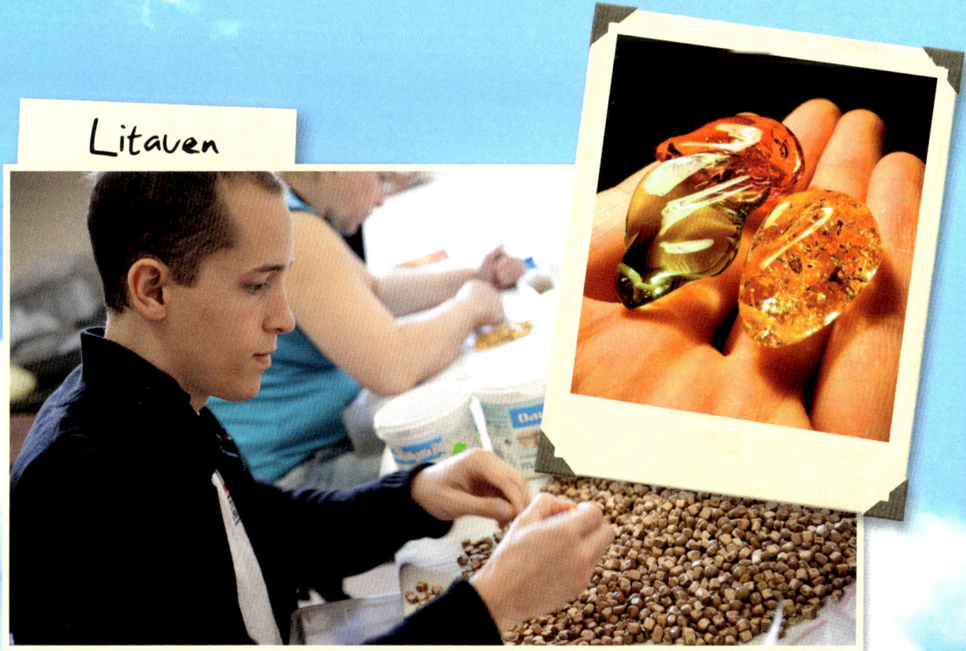

»Die Guten ins Töpfchen«:
beim Bernsteinsortieren in Kaunas

Lettland

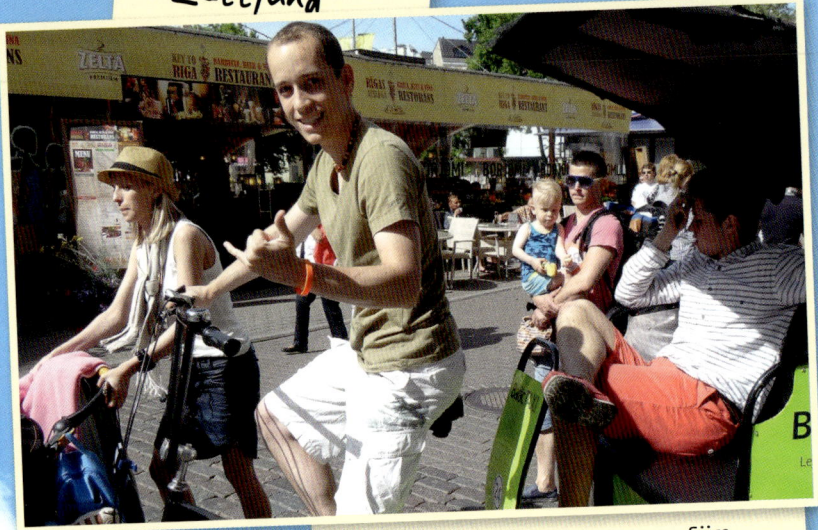

Riga: Rikschafahren für einen guten Zweck

Estland

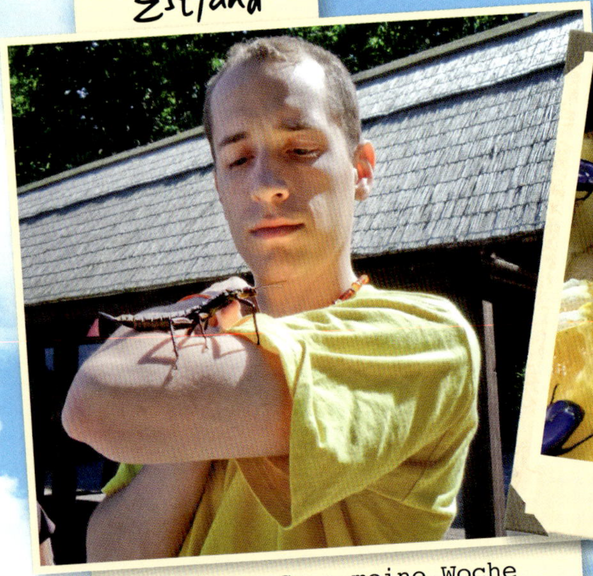

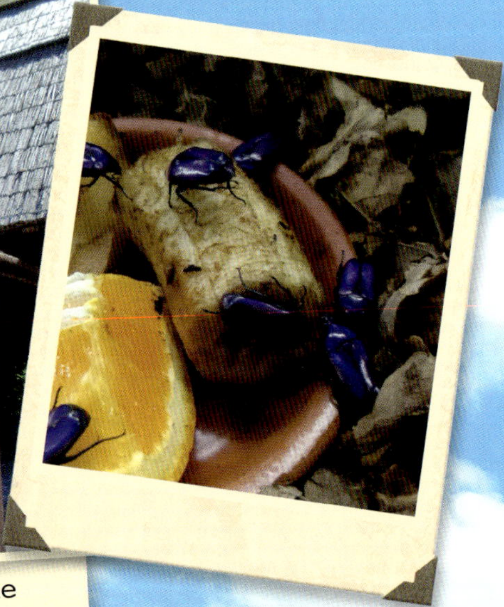

Käfer & Co.: meine Woche im Zoo von Tallinn

Finnland

Schlaflos im Urwald:
In Finnland war ich Pflanzer

Schweden

Tische und Bänke fürs
Bahnhofscafé

»Platz da, ich komme!«:
als Blumenbote auf dem
größten Blumenmarkt der Welt

Traumjob: als »Mädchen für alles«
auf einer Fotosafari in Island

Deutschland

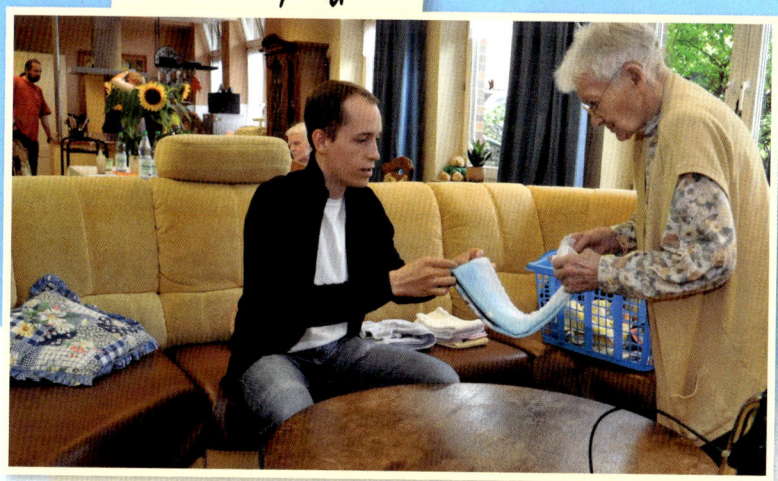

»Moment, ich helfe Ihnen«:
Meine Woche in einer Wohngemeinschaft für
demente Senioren war menschlich berührend

Norwegen

Ölwechsel statt Ölgeschäft:
»Mechaniker« in Oslo

Monaco

Sieht aus, als wäre ich
der Chef de Cuisine, nicht wahr?
Ich war aber nur Küchenhilfe

Kann man lernen, spontan zu sein?
Als Radiomoderator in Brüssel lernte ich:
Ich bin's nicht wirklich, leider!

Vereinigtes Königreich

Tauchen mit Haien,
einer der coolsten Jobs meiner Reise

Stimmen Maße und Qualität?
Endkontrolle in
der Korkfabrik

Mit Pinsel, Lack und
Kleister gegen den Verfall:
Restaurator in Pordenone

Abgeordneten im Europaparlament gegen ein Projekt stimmt, das von Angela Merkel auf EU-Ebene unterstützt wird. Zuweilen wird es dann etwas unübersichtlich und man weiß kaum noch, wer eigentlich für welches Ziel eintritt …

Einigkeit ist auf der europäischen Ebene also eine Frage der Überzeugungskraft und des guten Willens. Ein einmal zustande gekommenes Gesetz ist immer das Ergebnis eines enorm langwierigen Austausches von Argumenten und einer mühsamen Kompromissfindung. Die Reinform der Demokratie: reden, argumentieren, streiten, zuhören, die Argumente der anderen Seite überdenken, sich annähern – und am Ende kommt man zu einem Ergebnis, mit dem alle glücklich sind oder zumindest leben können. Dabei ist es gar nicht so leicht, wirklich alle Meinungen unter einen Hut zu bekommen, denn von Finnland bis Malta, von Portugal bis Rumänien gibt es nicht nur komplett unterschiedliche Länderinteressen, sondern auch sehr verschiedene Kulturen. Das macht es oft schwierig, über langfristige und richtungweisende Themen zu sprechen: die Agrarpolitik für die nächsten zehn Jahre zum Beispiel oder eben die Organisation des Schienentransportsystems.

Das Europäische Parlament ist ein gewaltiger Laden. Neben den Abgeordneten und ihren etwa 1600 Assistenten arbeiten hier rund 900 Fraktionsmitarbeiter und knapp 5600 Angestellte des Generalsekretariats, allein ein Fünftel davon sind Übersetzer und Dolmetscher. Das Generalsekretariat liegt in Luxemburg, die Politik aber wird in zwei anderen Städten betrieben. Der Sitz des Parlaments ist in Straßburg, der Hauptstadt des zwischen Frankreich und Deutschland liegenden Elsass. Das ist eine symbolische Entscheidung und soll als Zeichen der Freundschaft zwischen den ehemaligen Erzfeinden Deutschland und Frankreich verstanden werden. Die Flure sind den größten Teil des Monats jedoch ruhig und still, denn die meiste Arbeit (in den Ausschüssen sowie den Fraktionen) findet in Brüssel statt, da man eine enge Kooperation mit dem dort tagenden Europäischen Rat (dem Gremium der Staats- und Regierungschefs) gewährleisten will.

Richtig lebendig wird's in Straßburg deshalb eigentlich nur eine kurze Woche im Monat, wenn die Plenarsitzungen stattfinden. Dort werden dann die in den Ausschüssen bereits angenommenen Berichte erneut diskutiert, bevor über den Text beziehungsweise die Änderungsanträge abgestimmt wird. Und wenn es eine »Zahl des Tages« gäbe, dann die: Während jeder Plenartagung werden rund 3500 Kilo Orangen zu Saft gepresst.

Besprechungen, Termine, Hintergrundgespräche: EU-Politiker ist insbesondere während der Straßburger Wochen ein 24-Stunden-Job. Ein normales Leben mit Feierabend, Familie, Kino und Kneipe lebt dann kaum jemand. Georges Bach habe ich als Vorzeigepolitiker erlebt: integer, dem Gemeinwohl zutiefst verpflichtet und fern von allen Machtbestrebungen. Für seine erste Wahl hat er nicht kandidiert, er wurde vorgeschlagen. Das zweite Mal … na ja, sagen wir es so: Für ein kleines Land (mit nur sechs europäischen Abgeordneten) hat Luxemburg erstaunlich viele hochkarätige Politiker. Die bekanntesten sind derzeit natürlich Jean-Claude Junker, der Präsident der Europäischen Kommission, und die ehemalige Kommissarin Viviane Reding, die heute Abgeordnete ist und sich als »Chefstreiterin« der Kommission in der NSA-Bespitzelungsaffäre und mit der schrittweisen Deckelung der Mobilfunk-Roaminggebühren einen Namen gemacht hat. Angesichts dieser Konkurrenz muss man schon gut sein, um gewählt zu werden. Und wenn das sogar jemand wie ich anerkennt, der aus einem völlig anderen politischen Lager kommt als der konservative Georges Bach, dann besteht wohl wirklich Hoffnung darauf, dass man sich trotz aller Meinungsverschiedenheiten gut verständigen und Europa weiter aufbauen kann.

19. LITAUEN

Das Gold der Ostsee

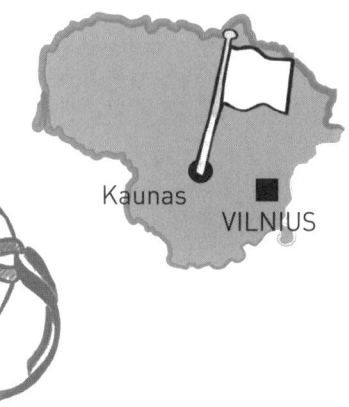

Kaunas

VILNIUS

EU-Beitritt: 2004
Hauptstadt: Vilnius
Fläche: 65 303 km²
Einwohner: 2,9 Millionen
Mein Beruf: Bernsteinschmuck-
  hersteller
Mein Wohnort: Kaunas

Wie schaffen es die Sherpas, also die Lastenträger der Bergsteiger im Himalaja, eine Last von rund 40 Kilo stundenlang bergauf ins Gebirge zu schleppen? Ich weiß es nicht, aber seit mein dieswöchiger Chef gesagt hat: »Im Keller stehen Säcke mit Gestein, hol die mal rauf«, bewundere ich diese Leute. Die Säcke, die ich heraufholen muss, wiegen zwar nur etwa 30 Kilo, aber das reicht mir vollkommen. Mit jedem Gang scheinen die Steine schwerer zu werden. Was bin ich? Gefangener in einem Steinbruch? Nein, in dieser Woche arbeite ich bei »Amber by Mazukna«, einem Bernsteinschmuckhersteller in Kaunas, der zweitgrößten Stadt Litauens, meinem ersten Stopp auf dem Baltikum.

Das Baltikum, das sind Litauen, Estland und Lettland, drei Länder, die vor allem durch ihre sympathische Form der Revolution Punkte gesammelt haben. Nachdem sie 1944 zunächst von den Russen besetzt und später gegen ihren Willen der Sowjetunion eingegliedert worden waren, machten auch sie sich 1989 auf den Weg in die

Unabhängigkeit – allerdings auf eine etwas andere Art, denn gegen die Übermacht der UdSSR hatten die drei Zwergenländer militärisch keine Chance. Also fingen sie an zu singen: Hunderttausende versammelten sich in den Straßen und auf öffentlichen Plätzen und sangen Volkslieder. Lieder, in denen Geschichten über ihre Vergangenheit und ihre Kultur erzählt wurden und die ihnen ein Gefühl der Gemeinsamkeit vermittelten. Diese Lieder waren unter der Herrschaft der Sowjetunion verboten, so wie es auch verboten war, die eigenen Traditionen zu leben. Am 23. August 1989 schließlich schlossen sich in den drei Ländern über eine Million Menschen zu einer 620 Kilometer langen Menschenkette zusammen, die über den sogenannten Baltischen Weg von Vilnius in Litauen über Riga in Lettland bis nach Tallinn in Estland führte, Verkehrschaos und weltweite Medienbegleitung inklusive. Seit 2003 gelten die Volkslieder, die sogenannten Dainas, daher zum »oralen Weltkulturerbe«.

Heute ist jedes der Länder unabhängig, und auch wenn sie aufgrund ihrer geografischen Nähe, vergleichbaren Größe und der gemeinsamen Sowjetvergangenheit gern als die »baltischen Drei« zusammengefasst werden, so sind sie in Wahrheit doch sehr unterschiedlich. Gemeinsam haben sie allerdings, dass Bernstein hier »das große Ding« ist. 80 Prozent des weltweiten Bernsteinvorkommens liegen in der baltischen Region, unter anderem in Litauen.

Vor 40 Millionen Jahren nämlich war die heutige Ostsee noch mit dichten Urwäldern bedecktes Festland. Irgendwann drang das Meer vor, die Urwälder wurden überspült, das von den Bäumen heruntergetropfte Harz sank in riesigen Mengen auf den Grund, wurde im Laufe der Jahrmillionen in tiefere Gesteinsschichten gedrückt. Doch anders als bei anderen Versteinerungen fand beim Bernstein keine Kristallisation statt. Er ist noch immer weich – und wenn man Glück hat, sind in den Millionen Jahre alten Stei-

nen ein paar kleine Insekten oder Pflanzenteile eingeschlossen, sogenannte Inklusen. Natürlich gilt auch hier die empirische Regel:
Je größer die Inklusion, desto seltener ist sie. Einer der spektakulärsten Funde stellt ein zwischen 40 und 50 Millionen Jahre alter,
vollständig erhaltener Gecko dar, der in einem Stück Bernstein in
der Nähe von Kaliningrad (ehemals Königsberg) gefunden wurde.

Auch wenn die Wahrscheinlichkeit der nächsten wissenschaft-
lichen Sensation natürlich gering ist, ein paar winzige Mücken
könnten in den Gesteinsbröckchen doch eingeschlossen sein, die
ich in meinen Säcken aus dem Keller hinaufschleppe. Das Unternehmen bekommt nämlich keine wunderbar aussehenden, glän-
zend polierten Bernsteine geliefert, sondern grob vorgebroche-
nes, bernsteinhaltiges Gestein. Da ist was drin, aber was genau, ist
noch ungewiss. Und so bekomme ich eine Machete in die Hand
und lerne, wie man die Steine ein Stück aufbricht, sie durchleuchtet und ihre Qualität untersucht. Was ich suche, das sind Bern-
steinstücke, die groß genug für die Schmuckproduktion sind und
aus denen sich also ein oder mehrere Basiselemente für beispielsweise das nächste Armband gewinnen lassen. Viel ist leider nicht
zu finden, und das bedeutet im Klartext, dass ich den größten Teil
der gerade aus dem Keller heraufgeschleppten Säcke später wieder
herunterwuchten muss. Denn Bernstein ist wertvoll, und wegge-
worfen wird hier nichts. Irgendwann wird auch das kleinste Stück
herausgeholt.

Es ist eine Arbeit für starke Männer, macht aber Spaß, und zum
Glück weiß ich jetzt schon, dass ich nur diesen einen Tag damit beschäftigt sein werde. Denn die Firma hat gerade einen Großauftrag
aus Asien bekommen, gleichzeitig fehlten ein paar Leute, und so
bin ich genau der richtige Mann, um überall dort zu helfen, wo Not
am Mann ist, und gleichzeitig wirklich alles über das Bernsteinge-
schäft zu lernen (soweit das in einer Woche möglich ist). Und das

war von Anfang an die Idee. Ich wollte alle Schritte der Bernstein-schmuckproduktion kennenlernen. Vom rohen Stein bis zur ferti-gen Kette – oder zum Halsband oder was immer man sonst noch aus Bernstein machen kann.

Zunächst aber lerne ich, dass der eigentlich überall auf dem Balti-kum angebotene Bernstein tatsächlich wohl nur von Touristen ge-kauft wird. Bernstein war schon immer ein Exportschlager, schon die Griechen und Römer liebten den leichten, honigfarbenen Stein, aus dem man so leicht Schmuckstücke machen kann. Die Römer nannten ihn »Succinum« (Saft), die Griechen »Elektron«, weil er sich, wenn man ihn reibt, elektrostatisch auflädt und dann plötzlich kleine Teilchen anzieht. Das Wort »Bernstein« stammt aus dem Mittelniederdeutschen und bedeutet eigentlich »Brenn-stein«. Er brennt nämlich tatsächlich, ein Streichholz reicht und gleich darauf verbreitet sich Harzduft. Dank dieser Eigenschaft wurde er früher zuweilen auch als Weihrauchersatz benutzt.

Feuer ist überdies eine gute Methode, um die Echtheit eines Steins zu prüfen. Es gibt mehrere Methoden, Bernstein zu imitieren, wenn man jedoch eine heiße Nadel hineinsticht, riecht der ech-te Stein nach brennendem Nadelholz und produziert einen weiß-lichen Rauch, während Imitate dazu tendieren zu schmelzen. Wer kein Streichholz hat, kann den Bernstein auch in ein Glas leicht gesalzenes Wasser werfen (echte Steine schwimmen, falsche gehen unter) oder Nagellackentferner auftragen (echten Steinen macht das nichts aus).

Da Bernstein in Meerwasser schwimmt, wurde früher jede Men-ge davon an den Stränden der Ostsee angeschwemmt. Es war das »Gold des Nordens«, und man konnte es sich leisten, ein wenig was davon ins Feuer zu werfen. Heute würde das angesichts des Preises niemand mehr tun, schon gar nicht die Leute, die mit diesem Material jeden Tag arbeiten. Denn der Job ist schlecht bezahlt. Etwa 250 Euro verdienen die Schmuckhandwerker im Monat, was sogar für ein Land wie Litauen wenig ist. Das Durchschnittseinkommen liegt bei etwa 500 Euro. Allerdings ist es auch eine verhältnismäßig anspruchslose Arbeit: Die nach Größe vorsortierten Steine werden auf eine Schnur gezogen, dann wird ein Knoten gemacht, drei weitere Steine aufgezogen, Knoten … fertig ist die Kette. Es ist tatsächlich eine scharf überwachte Handarbeit. Nicht, damit der Knoten richtig sitzt, sondern weil Bernstein wertvoll ist. Willkürliche Taschenkontrollen und das Abwiegen der Steine zwischen den einzelnen Arbeitsschritten sind deshalb Routine.

Das Arbeitsklima ist dennoch gut, und im Laufe der Tage habe ich nicht nur mit den Brüdern Mazukna zu tun, sondern auch mit einem ihrer Neffen: Modestos, so heißt er, begleitet mich täglich zum Mittagessen, spendiert mir meine erste kalte Rote-Beete-Suppe, eine tatsächlich sehr leckere litauische Spezialität, und zeigt mir die Stadt. Im Nachhinein kann ich sagen: Neben den Slowakinnen gibt es in Litauen die schönsten Mädchen!

Bernsteinhandel ist ein hartes Geschäft, die Konkurrenz groß und mitunter bedient sich die Marketingabteilung einiger nicht unerlaubter, aber auch nicht wirklich feiner Kniffe: eine große Excel-Tabelle zum Beispiel, in der Pseudonyme und Passwörter für verschiedene Internetforen stehen, in denen die Schmuckproduzenten gute Dinge über sich selbst schreiben. Blöd, wer die Möglichkeiten nicht nutzt…

Bernsteine schleppen und brechen, polieren, nach Größe, Form und Farbe sortieren, die Steine schließlich auf Schnüre ziehen, anständig verknoten, verpacken und versenden. Ich habe in dieser Woche alle Stationen der Arbeit durchlaufen; es steckt wirklich sehr viel Handarbeit in jedem dieser Schmuckstücke. Und die würdige ich auch, indem ich einkaufe: für die Familie, die Freunde. Etwa einen Euro bezahle ich bei kleinen Steinen pro Gramm. Größere Steine kosten im Verhältnis zu ihrem Gewicht mehr, sind aber auch seltener. Regelmäßige Steine wie Kugeln kosten ebenfalls mehr, denn sie entstammen aus ehemaligen größeren Nuggets. Es lohnt sich auf jeden Fall »ab Fabrik« zu kaufen. Auf der Straße oder im Touristenshop zahlt man locker das Dreifache, in einzelnen Fällen auch zehnmal so viel. Muss das sein? Nein, muss es nicht, denn man kann ja feilschen. Denn wie sagt der Volksmund: Große Vermögen werden erarbeitet – und erspart! In diesem Sinne: Hart bleiben!

20. LETTLAND

Zwischen Gefühl und Verstand

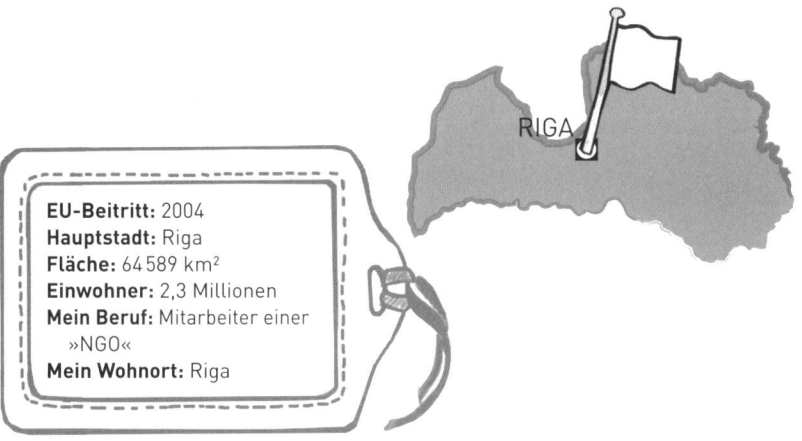

EU-Beitritt: 2004
Hauptstadt: Riga
Fläche: 64 589 km²
Einwohner: 2,3 Millionen
Mein Beruf: Mitarbeiter einer »NGO«
Mein Wohnort: Riga

Was wissen Sie über Lettland? Kennen Sie jemanden, der schon mal dort war? Bei mir waren die Antworten »nichts« und »nein«. Lettland war für mich die große Unbekannte unter den Ländern der EU. Tatsächlich war es im Vorfeld schwierig, etwas über das Land zu erfahren. Selbst die offizielle Tourismuswebsite des Landes schreibt nur: »Lettland ist ein grünes Land an der Ostsee mit vielen Wäldern und unberührter Natur, mit ruhigem Landleben und gastfreundlichen Menschen.« Tja, was soll man mit einem solchen Satz anfangen und wie einen landestypischen Beruf wählen? Ich entschloss mich also, in die »Jobreservekiste« zu greifen, einen Pool aus Berufen und Arbeitsfeldern, in denen ich gern arbeiten würde, die aber für kein einziges Land wirklich typisch sind. Immobilienmakler in Luxemburg war schon so ein Job. Diesmal war es eine »NGO«, eine »Non-Governmental Organization«, also eine Nichtregierungsorganisation.

Auch wenn diese NGOs teilweise Angestellte haben, sind sie in der Regel von Freiwilligen getragene und von nationalen oder internationalen Institutionen wie der UNO, UNESCO oder der EU-Kommission anerkannte Hilfsorganisationen, die oft großartige und unentbehrliche Arbeit leisten. Ich bin nicht anders als die vielen anderen Freiwilligen, die NGOs unterstützen: Ich möchte Gutes tun und für eine Sache eintreten, an die ich glaube und die ich gerecht finde. Wenn ich zum Beispiel das Wort »Flüchtling« hören, denke ich reflexartig »helfen«. Also habe ich zu Beginn der Woche bei »Patvērums Drošā Māja« (»Shelter Safe House«) angefangen, einer 2007 gegründeten und seit 2010 als gemeinnützig anerkannten Einrichtung, die sich um die Opfer von Menschenhandel sowie um Flüchtlinge und Asylbewerber kümmert. Wie so oft war die Umsetzung meiner Idee aber doch etwas komplizierter, als ich anfangs gedacht hatte. Denn ich spreche weder Lettisch, die einzige offizielle Landessprache, noch Russisch, die Muttersprache knapp der Hälfte aller Einwohner Rigas. Ich bin also für gar nichts nütze. Was soll ich tun? Der Zufall hilft: Der »Weltflüchtlingstag« steht vor der Tür, eine Pressekonferenz muss vorbereitet werden und die Organisatoren brauchen noch einen Fotografen. Mein Job!

Allerdings keiner, der mich die ganze Woche beschäftigt. Ich sehe und höre mich deshalb vor Ort ein wenig um, klappere Baustellen, Touristenläden und allerlei andere Geschäfte ab. Denn egal, ob Deutschland oder Lettland, in Europa kann ich theoretisch arbeiten, wo ich will. Das klingt gut, ist aber gar nicht so einfach, und es gelingt mir zunächst nicht, auf die Schnelle einen Job zu finden. Schließlich bewahrheitet sich aber ein altes Sprichwort: »Beziehungen schaden nur dem, der sie nicht hat.« Ich habe welche: Valeria Lacinova. Die 26-jährige Betriebsmanagerin ist nicht nur meine Gastgeberin, sondern auch eine der aktivsten Couchsurferinnen, die es in Lettland gibt. Mehrfach im Jahr organisiert sie Couchsurfertreffen und ist deshalb gut vernetzt. Und tatsächlich weiß sie etwas: Sie kennt einen Couchsurfer namens Karlis, der mit einer gemieteten Rikscha Touristen durch die Altstadt von Riga chauffiert – und der sucht eine Teilzeitvertretung. Perfekt! Mangelnde Ortskenntnisse kann ich durch eine einfache Karte ausgleiche, die ich von der Touristeninformation bekomme – und kaum stehe ich wieder draußen vor der Information auf der Straße, wartet auch schon mein erster Kunde. Und wer ist's? Daniel Michaelis, ein ehemaliger deutscher Erasmus-Student, mit dem ich gemeinsam in Toulouse studiert habe. Wie klein ist die Welt! Ganz klar, dass ich von diesem Kunden kein Geld verlangen kann. Aber wir fahren zusammen auf einer kleinen Aufwärmrunde durch die Altstadt.

Riga ist mit 700 000 Einwohnern nicht nur die Hauptstadt Lettlands, sondern auch die größte Stadt des Baltikums. Seit 1997 gehört die Altstadt wegen ihrer wundervollen Jugendstilarchitektur zum Weltkulturerbe. Selbst eine Statue der Bremer Stadtmusikanten gibt es hier. Ein Geschenk der Partnerstadt Bremen, denn die Beziehung zwischen den beiden Hansestädten ist so alt wie Riga selbst: über 800 Jahre. Im Zuge der Christianisierung nahmen deutsche Kaufleute Handelsverbindungen mit der baltischen Region auf. 1201 gründete ein Bremer Bischof Riga, 1282 wurde die Stadt Mitglied der Hanse. Ab 1827 gab es für vierzig Jahre sogar ein »bremisches Konsulat« in Riga.

Sehr erfolgreich bin ich als Rikschafahrer übrigens nicht. Zunächst einmal findet meine Rikschakarriere, kaum dass sie begonnen hat, beinahe auch ein jähes Ende: In einer engen Straße blockiere ich nämlich unabsichtlich ein Polizeiauto – was den Polizisten so nervt, dass er mich anhält, wie ein Wasserfall auf mich einredet und, das vermute ich zumindest, meine nicht existierende Rikschalizenz zu sehen verlangt. Das könnte nun erheblichen Ärger geben. Aber: Da ich kein Wort verstehe, zucke ich einfach nur lächelnd mit den Schultern, während ich ihm auf Englisch zu erklären versuche, dass ich noch nicht einmal weiß, ob er Russisch oder Lettisch spricht. Das ist letztendlich zu viel für seine Nerven. Er dreht sich um, setzt sich in seinen Streifenwagen und gibt Gas. Glück gehabt, manchmal ist Doofsein eben auch gut!

Rikschafahren in Riga macht Spaß, aber es ist schwer, Kunden zu finden – übrigens nicht nur für mich, andere Rikschas stehen auch nur herum. Aber wenn ich ehrlich bin: Die Altstadt lässt sich prima zu Fuß besichtigen, da hätte ich auf eine Rikschafahrt vielleicht auch keine Lust.

Also Strategiewechsel: Ich werbe auf Englisch mit einer kostenlosen Fahrt für einen guten Zweck. Wer zufrieden ist, soll mir ein bisschen Geld geben, das ich dann in einen Sammeltopf für die Flüchtlinge werfe. Für eine 5-Minuten-Fahrt geben einige schon mal 15 Euro. Immens viel kommt am Ende nicht zusammen, aber immerhin … Am spendabelsten sind übrigens die Russen.

Tatsächlich berühren mich die Begegnungen und Gespräche mit den von »Safe House« betreuten Asylbewerbern tief. Menschen, die aus Furcht vor Gewalt, Folter und Tod aus ihrem Land fliehen mussten. Die verfolgt werden wegen ihrer ethnischen Abstammung oder ihrer politischen Meinung. Einige von ihnen setzen sich für Demokratie, Freiheit und Rechtsstaatlichkeit ein und haben dafür einen hohen Preis bezahlt. Um weiterleben zu können, haben sie ihre Familie, ihr Land und ihr ganzes bisheriges Leben hinter sich gelassen. Für uns gut situierte Europäer unvorstellbar – die meisten von uns können wahrscheinlich gar nicht nachvollziehen, wie viel Mut man für so etwas braucht. Der ehemalige Ingenieursstudent Diallo zum Beispiel: Er lebte in Conakry auf Guinea, das seit der Staatsgründung 1958 von einer Militärdiktatur beherrscht wird. Es gibt eine Verfassung, und ja, sie bekennt sich formal zur Gewaltenteilung und sichert den Bürgern einige Grundrechte zu. Die Praxis sieht jedoch anders aus. Im September 2009 demonstrierten rund 50 000 Menschen gegen die Militärführung. Es endete in einem Blutbad. Mindestens 157 Menschen starben, es kam zu Massenvergewaltigungen durch das Militär. Diallo war in einer Studentenverbindung, die sich für die Demokratie starkmachte.

Und auch die Demokratische Republik Kongo heißt nur so. Tatsächlich gehören Feuergefechte zwischen den kongolesischen Streitkräften und bewaffneten Gruppen zum Alltag. Ein Architekt, den ich in Riga traf, kam ins Kreuzfeuer dieses Konfliktes. Es brauchte mehreren Todesdrohungen, bevor er sich entschloss, sich in Sicherheit zu bringen.

Das Recht auf Asyl ist fast überall im Grundgesetz verankert, was aber nichts daran ändert, dass eigentlich kein Land Asylanten wirklich mag. Man werde »überrannt«, »das Boot ist voll!«, heißt es überall, und tatsächlich sind zurzeit weltweit mehr als 50 Millionen Menschen auf der Flucht – so viele wie seit dem 2. Weltkrieg nicht mehr. Politiker bringen ihnen offiziell Mitleid entgegen und bedauern die Situation, helfen will aber keiner so recht, denn Flüchtlinge machen in erster Linie Arbeit und kosten Geld. Dabei sind die tatsächlichen Kosten im Vergleich zu anderen Ausgaben überschaubar: Zwischen 2011 und 2014 überwies die EU zum Beispiel Griechenland 12 Millionen Euro für die Verpflegung von Flüchtlingen. Die Sicherung der griechischen Grenzen schlug im gleichen Zeitraum mit knapp 230 Millionen Euro zu Buche, also fast dem 20-Fachen. Und wie viel kostet noch einmal der neue Berliner Pannenflughafen? Die letzte »Pegelmessung« lag, so glaube ich, bei knapp über fünf Milliarden, oder?

Nein, die Flüchtlingsdebatte ist keine reine Kopfsache. Emotionen kochen hoch, Ängste werden zu politischen Zwecken geschürt,

es wird Stimmung gemacht. Je mehr Flüchtlinge man woanders-
hin abschiebt, desto weniger Probleme hat man vor der eigenen
Tür. Es gibt sogar Länder, die machen aus jeder ihrer »Flüchtlings-
abwehraktionen« ein großes Medienspektakel. Spanien zum Beispiel: Greifen die Spanier ein Flüchtlingsboot auf, verfrachten sie
alle Insassen in ein Transportflugzeug, fliegen sie nach Afrika zurück und setzen die ganze Truppe irgendwo in der Wüste aus –
und dann kann man das auch überall lesen. In Lettland ist es zum
Glück nicht ganz so schrecklich, schön ist das Flüchtlingsleben
hier aber auch nicht unbedingt. Denn Flüchtlinge dürfen weder
das Land verlassen noch arbeiten oder studieren. Kurz: Sie haben
eigentlich gar keine Chance, sich in die Gesellschaft einzufügen.
Ein Dach überm Kopf, ein Bett (weit weg vom Stadtzentrum) und
15 Euro Verpflegungsgeld pro Woche, damit müssen sie auskom-
men. Das ist besser als nichts, und die Flüchtlinge beteuern, dass
sie sehr, sehr dankbar dafür sind, nun keine Gewalt mehr fürchten
zu müssen. Aber 60 Euro im Monat ist selbst in Lettland nicht viel.
Ist es tatsächlich menschenwürdig, die Flüchtlinge unter diesen
Bedingungen zehn, zwölf oder noch mehr Monate auf eine Entscheidung warten zu lassen?

Es handelt sich um Menschen wie Sie und Ich. Architekten, Studenten und politische Aktivisten. Und was sie erlebt haben, hätte
jedem von uns passieren können. Nur sind wir in einem Land geboren, das seit mehreren Jahrzehnten sicher ist. Aber hat das nicht
auch viel mit Glück zu tun?

Zum Ende der Woche darf ich noch bei etwas Besonderem dabei
sein: dem »Jani« oder »Ligo«, dem Fest, das die Letten zum Mittsommer feiern, also zur Sommersonnenwende. Auf dem Baltikum
ist es das wichtigste Fest des Jahres – mindestens genauso wichtig wie Weihnachten. Man feiert Mittsommer auf dem Land, unter
Freunden, mit Volksliedern, Tänzen und einem Scheiterhau-

fen, der die ganze Nacht brennt – schlafen darf man sowieso nicht. Wer hat, trägt eine alte Tracht, und auf den Kopf setzt man sich einen geflochtenen Kranz, die Männer aus Eichenlaub, die Frauen aus Blumen. Ich habe gemeinsam mit 120 Couchsurfern gefeiert, die eine Hälfte waren Letten, die andere Hälfte kam wortwörtlich aus aller Welt. Ein Fest zwischen lettischer Tradition und entfesselter Party – und auf jeden Fall ein einmaliges Erlebnis!

21. ESTLAND

Insekten, Schnecken, Mittelalter

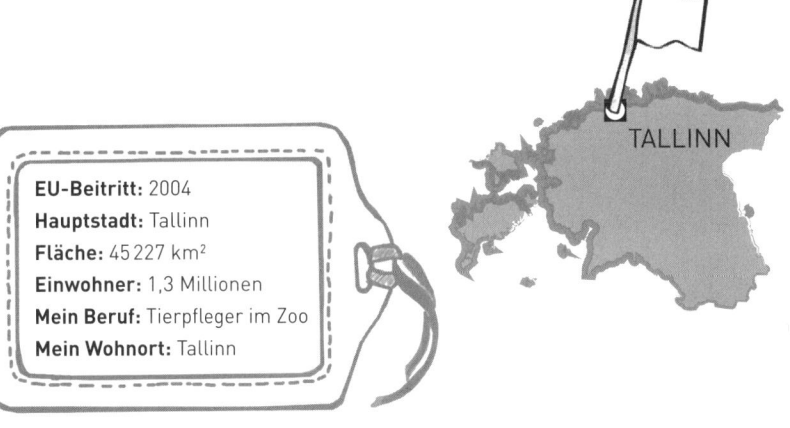

TALLINN

EU-Beitritt: 2004
Hauptstadt: Tallinn
Fläche: 45 227 km²
Einwohner: 1,3 Millionen
Mein Beruf: Tierpfleger im Zoo
Mein Wohnort: Tallinn

Das Ligo-Fest in Lettland war großartig, und ich habe mich sehr daran gehalten, dass man in der Mittsommernacht nicht schlafen darf. Deshalb stehe ich am nächsten Morgen auch mit kleinen Augen am Busbahnhof in Riga, steige in den Linienbus nach Tallinn und schlafe selig ein, kaum dass ich es mir auf meinem Sitz bequem gemacht habe. Kurz hinter der Grenze zu Estland, in Pärnu, gibt es einen Stopp, Pinkelpause. »In fünf Minuten geht's weiter!«, sagt der Fahrer. Ich gehe mir ein Sandwich holen. Großer Fehler: Als ich wiederkomme, ist der Bus weg – samt meinem Gepäck, dem Laptop, der Kamera … Und das am Tag nach dem Ligo! Das auf eine einzige Person reduzierte Personal des Busbahnhofs scheint wenig motiviert und ist auf Englisch nicht ansprechbar. Auch sonst ist niemand in der unmittelbaren Umgebung in der Lage, einem allmählich panischen Reisenden das Gefühl zu geben, dass er verstanden, geschweige denn, dass ihm geholfen würde. Erst der Fahrer des nächs-

145

ten Busses rettet mich. Nicht nur, dass mich endlich jemand versteht und er mich auch ohne Ticket einsteigen lässt, er ruft auch in Tallinn an, damit mein Gepäck sichergestellt wird … Zum Schlafen bin ich jetzt erst einmal viel zu aufgeregt und habe somit reichlich Zeit, mir über meine nächste Woche Gedanken zu machen: Sind zoologische Gärten noch zeitgemäß? Sind Elefanten, Kängurus, Flamingos, Tiger und Giraffen im Zoo gut untergebracht? Fragen, die heute zur allgemeinen gesellschaftlichen Diskussion gehören. So wie: »Darf man Tiere essen?« »Ist Massentierhaltung noch akzeptabel?« Oder: »Verschießt man Silvester Feuerwerk oder spendet man das Geld an Brot für die Welt?« Eine Woche Arbeit in einem Zoo kann diese Frage bestimmt nicht beantworten, aber meine Woche in Estland, dem nördlichsten Land des Baltikums, bietet zumindest die Gelegenheit, einen Blick hinter die Kulissen eines Zoos zu werfen.

Tallinn nämlich, Estlands Hauptstadt, hat einen der größten und ältesten Zoos der ehemaligen Sowjetunion. Er wurde 1939 gegründet, weil eine Gruppe estnischer Sportschützen bei der Weltmeisterschaft in Helsinki einen Luchs namens »Illu« gewonnen hatte (wer kommt auf die Idee, so einen Preis zu stiften?) und das Tier nun ja irgendwo untergebracht werden musste. Anfangs war der Zoo winzig klein, eigentlich mehr eine große Wiese und sicherlich kein Tierparadies. Anfang der 1980er-Jahre aber zog er auf ein knapp 90 Hektar großes Gelände um und gehört seitdem zu den größten Zoos Osteuropas. Außerdem ist es der erste Zoo Osteuropas, der sich der »World Association of Zoos and Aquariums« angeschlossen und Zuchtprogramme für weltweit gefährdete Arten begonnen hat.

Es ist also nicht die schlechteste Adresse, an der ich am Montag aufschlage, um meinen Job als Tierpfleger anzutreten. Natürlich hoffe ich, mit »coolen« Tiere arbeiten zu können: kleinen Raubkatzen, afrikanischen Antilopen oder sogar Elefanten. 1983 nämlich kamen die Jungtiere Carl, Fien und Draay nach Tallinn. Sie waren von einem südafrikanischen Tierhändler vom Krüger-Nationalpark in die Sowjetunion vermittelt worden und leben seither in einer großzügigen Anlage mit Elefantenhaus. Doch wie es im Leben so ist: Ich komme kaum näher an sie ran als jeder andere Besucher. Denn wenn es nach der Zooleitung geht, dann ist alles, was im Zoo interessant ist, auch gefährlich: Elefanten? Gefährlich. Kamele? Gefährlich. Minikängurus? Keine 50 Zentimeter groß und fünf Kilogramm leicht, aber gefährlich. Kurz: Jedes Tier im Zoo ist gefährlich. Ich nehme an, da hat ein Versicherungsmakler der Zooleitung mal so richtig Angst gemacht …

Also lande ich bei den Insekten: fliegende Käfer und Heuschrecken, riesige Schnecken, Tausendfüßler, Kakerlaken … Ganz ehrlich, meine Begeisterung hält sich in Grenzen. Zwar grusele ich mich nicht sonderlich vor diesen Krabbelviechern, ansonsten ist die Arbeit aber ziemlich enttäuschend. Denn natürlich möchte ich in irgendeine Interaktion mit den von mir betreuten Tieren treten: sie streicheln und glauben, dass ihnen das gefällt. Sie mit Namen ansprechen und glauben, dass sie darauf hören. Ihnen etwas Leckeres zu fressen geben und denken, dass sie mir dafür dankbar sind. So sind wir Menschen, das gehört doch dazu. Stattdessen ist es den Riesenschnecken total egal, ob ich da bin oder nicht, und die fliegenden Käfer juckt es auch nicht.

Andererseits ist die Arbeit hier sehr angenehm bedächtig und geruhsam. Die Kommunikation mit den Kollegen ist mühselig, weil ich kein Estnisch oder Russisch und sie kein Englisch sprechen, aber der Umgang mit den Krabblern ist irgendwie sehr entspannt. Sie warten nicht ungeduldig darauf, dass man ihnen die Tür öffnet, um einen anzuspringen, zu beißen, Eier in einen hineinzulegen und die Herrschaft über das Universum zu übernehmen. Tatsächlich fühlen sie sich wohl, wo sie sind, warum sollten sie irgendwo anders hinwollen? Allmählich bin ich doch ein wenig fasziniert von diesen Tieren. Tausendfüßler fühlen sich erstaunlicherweise sogar ziemlich angenehm an, wenn sie einem auf der Hand herumkrabbeln. Jeder Fuß scheint sich sanft an die Hand zu klammern, und weil die kleinen Insekten nicht all ihre Füße gleichzeitig, sondern hintereinander bewegen, ist es, als zöge einem eine kleine La-Ola-Welle über die Haut. Probieren Sie es bei nächster Gelegenheit unbedingt aus, ich kann's empfehlen.

Die Kakerlaken wiederum finde ich ein wenig ekelig. Ich habe es ziemlich eilig, meine Hände nach dem Füttern schnell wieder aus den Boxen zu bekommen, in denen sie zwischen ineinandergestapelten Eierkartons leben. Aber ich mag »Blätter-Gespenstschrecken«, die perfekten Nachahmer von … na ja, Blättern. Farbe, Form, Schwingungen im leichten Wind, alles. Insekten zum Verlieben, mit denen man jede Menge Spaß haben kann und von denen ich mir tatsächlich vorstellen könnte, auch zu Hause ein paar zu halten. Doch würde ich wohl nicht ihrem exquisiten Gaumen gerecht werden können. Die Gespenstschrecken fressen nämlich nur und ausschließlich Himbeerstrauchblätter, von denen ich nicht die geringste Ahnung habe, wo ich sie herkriegen sollte, insbesondere im Winter. Die Gespenstschrecken zu füttern kommt außerdem einer sportlichen Höchstleistung gleich: Einzeln muss man sie von den Ästen und Blättern, an denen sie sich festklammern, entfernen und in ihr Terrarium setzen. Dass sie perfekt getarnt sind, erleichtert die Arbeit nicht gerade! Und bloß niemanden vergessen: Je älter sie sind, desto größer, sichtbarer und zugleich regungsloser werden sie. Die alten Herrschaften sind leicht zu handhaben. Aber die Babys … die sind wuselig wie Kleinkinder, rennen immer irgendwo hin, mit einer offenbar unersättlichen Neugier auf die Welt um sie herum.

Ich kann die Schrecken verstehen – im Grunde bin ich ja nicht anders. Wenn der Zoo schließt, beginne ich, Tallinn zu entdecken, und jedes Mal ist es, als mache man einen Ausflug ins Mittelalter. Gewundene Kopfsteinpflasterstraßen, mächtige Schutzanlagen, fantastisch erhaltene Häuser und Grundstücke aus dem 11. bis 15. Jahrhundert. Tallinn ist aus Stein gebaut, um ein Niederbrennen zu verhindern, und eine besser erhaltene Mittelalterstadt findet man in ganz Europa nicht. Seit 1997 steht der alte Stadtkern von Tallinn deshalb auf der UNESCO-Liste des Weltkulturerbes. Die baltischen Länder sind ein großartiges Reiseziel: drei kleine Länder, nicht allzu weit voneinander entfernt, und jeder Besuch ist eine Zeitreise. Vilnius ist Barock, Riga bietet den Jugendstil, Tallinn sieht aus wie im Mittelalter.

Doch so mittelalterlich die Hauptstadt aussieht, so technisch-modern und bereit für die Zukunft ist das Land. Im vom Weltwirtschaftsforum aufgestellten Ranking der wettbewerbsfähigsten Länder belegt Estland derzeit immerhin Platz 32 von 142 Staaten. Der Internetdienstleister »Skype« wurde in Estland erfunden, das Recht auf einen Internetanschluss ist in der Verfassung verbrieft. Bei den Wahlen 2011 konnten die Wahlberechtigten ihre Stimme sogar per SMS abgeben, und um Porto und Verwaltungsgebühren zu sparen, dürfen Gerichte Angeklagte und Zeugen in Estland über soziale Netzwerke vorladen. Im Vergleich zur Wirtschaftsleistung hat Estland gerade mal sechs Prozent Staatsschulden (Deutschland hat 80 Prozent, Griechenland sogar 160 Prozent) und ist für ausländische Investoren ein attraktiver Standort.

Estland hat als erstes Land des Baltikums den Euro eingeführt beziehungsweise Europa davon überzeugt, »eurowürdig« zu sein. Während der Rezession der Jahre 2008 und 2009 hat die estnische Wirtschaft eine Menge Federn gelassen, konnte sich dann aber wieder fangen, bevor sie 2013 durch die gesunkene Exportnachfrage Finnlands, Russlands und Schwedens erneut etwas auf die Nase bekam. Für die nächsten Jahre wird mit deutlich höheren Wachstumsraten gerechnet, hoffen wir für die Esten, dass die Prognosen eintreffen. Allerdings hat die Annahme des Euros nicht nur wirtschaftliche Gründe, sondern auch politische: je stärker die europäische Bindung, desto größer die Unabhängigkeit vom mächtigen russischen Nachbarn.

Nach dreieinhalb Tagen »Insektenhaus« hat der Zoodirektor dann doch noch ein Einsehen und ein wenig Mitleid mit mir. Donnerstagnachmittag und Freitag darf ich deshalb in den Streichelzoo. Ich bin die Aufsicht und passe auf, dass die Kaninchen nicht die kleinen Kinder fressen … Wirklich aufregend ist das zwar auch nicht, aber manchmal ist es im Leben eben wie beim Angeln: Lange passiert nichts, dann plötzlich beißt einer an und die Hölle ist los! Bei mir ist es die Geburt eines Zickleins. Eben noch schleckt die Ziege einem Kind das Futter aus der Pappschachtel – und plötzlich hat sie Nachwuchs. Das freudige Ereignis fällt jedoch auf einen Freitagabend. Es ist mein letzter Tag. Nach nur wenigen Minuten ist es Zeit für mich, die Ziegenmama in Ruhe zu lassen und mich zu verabschieden. Auf mich wartet ein langer Weg hoch in den Norden!

22. FINNLAND

Ab jetzt bin ich Klimapunktemillionär!

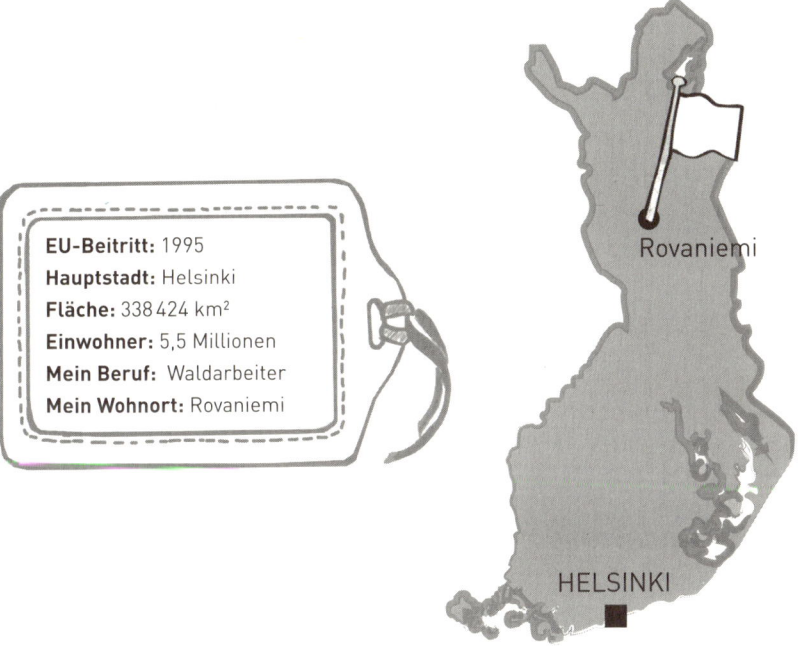

EU-Beitritt: 1995
Hauptstadt: Helsinki
Fläche: 338 424 km²
Einwohner: 5,5 Millionen
Mein Beruf: Waldarbeiter
Mein Wohnort: Rovaniemi

Rovaniemi

HELSINKI

Achtung, jetzt kommt ein Witz: Zwei alte Freunde gehen gemeinsam in die Sauna. Nach zwei Stunden fragt der eine: »Na, wie geht's dir?« Nach zwei weiteren Stunden antwortet der andere: »Sind wir hier, um zu saunen oder um zu quatschen?« Har, har, har – das ist »Huumori Suomi«, finnischer Humor. Nicht lustig, oder? Na ja, im gerade verlassenen Estland wäre das noch ein Brüller gewesen, denn dort gelten Finnen als langsam … Und schön, wenn die Finnen selbst darüber lachen können. »Den finnischen Grundcharakter beschreiben Attribute wie schweigsam, introvertiert, mürrisch, dem Schnaps zugetan, aber freundlich und auf jeden Fall grundanständig«, schreibt die Professorin Outi Tuomi-Nikula von der Universität Turku in einem Artikel über die nordischen Länder. Sie muss es wissen. Schließlich ist sie selbst Finnin. Und die international bekanntesten Finnen scheinen ihre Aussage zu bestätigen. So war der Spitzname des ehemaligen Formel-1-Weltmeisters Mika Häkkinen »The Iceman«. Das aber nur am Rande als Referenz an das finnische Klima …

Hoffentlich brüskiere ich niemanden mit meiner extrovertierten Art und Weise, denke ich, während ich im Zug von Helsinki nach Rovaniemi sitze. Eine lange Fahrt: zunächst zwei Stunden mit der Fähre quer über den Finnischen Meerbusen nach Helsinki und dann weitere 13,5 Stunden über Turku hinauf in den Norden, Richtung Polarkreis. Eigentlich ist es der Nachtzug, doch mit der Nacht ist es schnell vorüber. Dauert die Nacht Anfang Juli in Helsinki noch fünf Stunden, dauert sie in Rovaniemi nur noch … nein, es gibt zurzeit keine Nacht in Rovaniemi! Die ganze Woche geht die Sonne nicht unter, es ist immer helllichter Tag. Außerdem dauern hier die Sonnenunter- und -aufgänge stundenlang. Schön anzusehen, doch zum Schlafen ist es weniger optimal. Alle naselang werde ich in meiner Zugkabine wieder wach und sehe, wie die Landschaft sich verändert: Häuser, Straßen und Felder werden weniger, Flüsse, Seen und Wälder häufiger. Zunächst tragen die Bäume noch Laub, später sind es fast nur noch Nadelwälder.

Die Landschaft gemäßigter Klimazonen, wie wir sie in Deutschland, Frankreich oder der Schweiz haben, die trockenen Buschlandschaften des Mittelmeers, auch Tropen und Steppen – das alles habe ich schon erlebt. Doch die Taiga ist anders: Von klein gewachsenen Nadelhölzern wie Kiefern, Fichten oder Tannen abgesehen, wächst hier eigentlich nur Moos. Sie strahlt Leere und Einsamkeit aus, ist auf ihre ganz eigene Art faszinierend.

In dieser Woche bin ich übrigens Waldarbeiter. Denn Finnland steht an der Spitze der europäischen Waldwirtschaft und Holzindustrie und hat zudem das ressourcenschonendste Waldgesetz der Welt. Es darf nur so viel Holz geschlagen werden, wie nachwächst, und nach jedem Einschlag muss verjüngt, also neu angepflanzt werden. Dennoch erzeugt Finnland bereits heute 16 Prozent seines Stroms aus Holzprodukten. Nicht schlecht!

Meine Firma heißt »Metsähallitus«, ein staatliches Unternehmen, das rund die Hälfte des finnischen Waldes besitzt, etwas mehr als zwölf Millionen Hektar. Eine Fläche so groß wie Bayern, Baden-Württemberg und Thüringen zusammen und mehr Wald, als es in anderen Ländern insgesamt gibt. Zum Vergleich: Ganz Deutschland hat gerade mal 10,5 Millionen Hektar Waldfläche.

Die finnischen Wälder sind tatsächlich riesig. 23,1 Millionen Hektar, das sind 69 Prozent der Gesamtfläche Finnlands, und sicherlich sind die Vorkommen einer der Gründe für den Wohlstand des Landes. Holzexport und die Papierherstellung im eigenen Land sind zwei enorm wichtige Wirtschaftsfaktoren. Wer hier einen Baum anpflanzt, nachdem er einen gefällt hat, handelt deshalb weniger aus dem Gefühl heraus, die Welt retten zu wollen, sondern er will vor allem nicht den Ast absägen, auf dem er sitzt.

Trotzdem wirft Greenpeace den Finnen vor, wertvollen Lebensraum für Menschen und Tiere zu zerstören und stattdessen monotone Holzplantagen zu pflanzen. Außerdem würden sie die Existenz der von der Rentierzucht lebenden Ureinwohner, der Sami, gefährden, da deren Rentiere den strengen Winter nur in den Wäldern überstehen könnten.

Ob das alles so stimmt? Ich kann es nicht beurteilen. Mir kommt mein Job hier jedenfalls sehr sinnvoll vor. Ich bin Teil einer vierköpfigen Pflanzergruppe. Wir haben jeder ein Pflanzrohr und gemeinsam mehrere Kisten mit Hunderten kleiner Bäumchen, die zwei Jahre lang in riesigen Gewächshäusern nahe Rovaniemi vorgezogen wurden. Morgens gegen halb neun treffen wir uns, dann geht's in ein Waldgebiet 50 Kilometer nördlich vom Polarkreis. Da bepflanzen wir eine Stelle, an der zwei Jahre zuvor alles abgeholzt wurde. Alle zwei Meter ein Bäumchen, Hunderte am Tag, ein paar Tausend in der Woche.

So ein Pflanzrohr ist eine fantastische Erfindung. Man tritt es in den Boden, öffnet den Schnabel und lässt den jungen Baum von oben durchs Rohr in den Boden gleiten. Anschließend braucht man das Rohr nur wieder aus dem Boden zu ziehen und die Erde um den kleinen Baum anständig festzutreten. Blöd nur, wenn man – wie ich! – vergisst, den Schnabel wieder zu schließen, bevor man das Rohr in den Boden rammt. Dann ist das Rohr voll klebriger, nasser Erde, und man muss den Dreck erst herausholen, bevor es weitergeht. Klassischer Anfängerfehler. Aber wenn ich mir vorstelle, ich müsste hier auf den Knien herumrutschen und mit einer kleinen Schaufel lauter Löcher in den Boden graben … schon bei dem Gedanken bekomme ich Rückenschmerzen.

Es ist ein körperlich ziemlich anstrengender Job, der durch die überall gegenwärtigen Mücken, Kriebelmücken und Bremsen nicht leichter wird. Die Finnen nennen das die »Räkkä«, die allsommerliche Insekteninvasion in den Borealwäldern. Da die letzten Monate hier oben außergewöhnlich feucht waren, ist die Invasion in diesem Jahr sogar besonders schlimm. Ich schwitze und scheine Milliarden dieser Viecher magnetisch anzuziehen. Na gut, Milliarden ist etwas übertrieben, in Wirklichkeit umschwirren mich unermüdlich »nur« um die 50, davon aber ein paar Bremsen, die besonders schmerzhaft beißen. Vollkommen egal, wie sehr ich mit den Armen fuchtele, die Viecher gehen nicht weg und wollen offenbar nur eines: mein Blut! Dabei habe ich noch Glück, dass ich hier in einer hochgeschlossenen Jacke und wasserfesten Schuhen stehe. Leihklamotten von Sepp, einem deutschen Forststudenten, den angesichts meines T-Shirts und der Sportschuhe, mit denen ich anfangs in den Wald wollte, das Mitleid packte. Die Jacke ist so dick, dass die Mücken nicht hindurchstechen können. Für den Rest hilft nur eines: die dreifache Dosis Antimückenspray. Zum Glück hatte ich genug davon, sonst wäre ich wahrscheinlich leer gesaugt worden. Ganz ohne Stiche bin ich aber doch nicht davongekommen.

Hinzu kommt, dass sich mein Biorhythmus noch immer nicht auf die fehlende Dunkelheit eingestellt hat und ich nicht richtig schlafen kann. Ich bin hundemüde, doch mein Körper will einfach nicht in den »Schlafmodus« wechseln. Rollläden kennen die Finnen offenbar nicht, zumindest mein Couchsurfinggastgeber hat keine, was ich angesichts der Umstände etwas seltsam finde. Statt zu schlafen, erkunde ich das Nachtleben, die Bars und Diskotheken der Stadt. Im Hellen rein, im Hellen wieder raus. So als wäre man zehn Jahre alt und dürfe am Nachmittag in die Kinderdisco. Im Winter ist es hier genau umgekehrt: Fast ständig herrscht Dunkelheit. Im gesamten Dezember bekommen die Einwohner nur drei Stunden Sonnenschein. Gruselig! Ich würde mich wahrscheinlich einsam fühlen und ganz sicher Depressionen bekommen.

Einsamkeit ist ein Gefühl, das ich so nahe am Polarkreis in einem Wald gut nachvollziehen kann. Warum? Weil es hier so still und verlassen ist. Steht man in Deutschland, Frankreich oder irgendeinem anderen Land im Wald, hört man Vögel zwitschern, von Zeit zu Zeit schreit über den Bäumen ein Greif, und ab und zu sieht man mal ein Reh oder einen Hasen. Aber hier? Gar nichts. Kein Laut. Der mit einer dicken Moosschicht bedeckte Wald schluckt jedes Geräusch. Dabei könnte hier wohl richtig was los sein. Vögel, Elche, Wölfe und sogar die bei uns kaum noch vorkommenden Auerhähne und Birkhühner. Auch die seltenen Vielfraße sollen in diesen Wäldern leben, und wenn ich richtig Pech habe, dann taucht sogar ein Bär auf. Die Bärenpopulation Finnlands nämlich ist ziemlich intakt, mittlerweile soll es weit über tausend von den Tieren geben. Doch alles, was ich sehe, sind »Poros«, Rentiere. Sie verbringen die Sommer in den Wäldern, wo sie sich ihr Futter selbst suchen. Erst zum Winter hin werden die Herden von ihren Besitzern zusammengetrieben.

Nach drei Tagen und mehreren Tausend Bäumen ist es geschafft, die Fläche ist neu bepflanzt. Den Rest der Wiederaufforstung übernimmt die Zeit. Meine CO_2-Bilanz für die nächsten 90 bis 100 Jahre ist jedenfalls gesichert.

Den Rest der Woche verbringe ich in Rovaniemi. Eine ganz besondere Stadt. Nicht nur, weil es die Hauptstadt Lapplands ist und sie mit ihren 8000 Quadratkilometer Größe dreimal so viel Fläche bietet wie Luxemburg. Und auch nicht, weil die für ihre Grusel- und Zombiekostüme bekannte Band »Lordi« hier herkommt, die 2006 überraschend den Eurovision Song Contest gewonnen hat. Nein, hier wohnt ein anderer Kostümfetischist, der Weihnachtsmann. Kein Witz: In Rovaniemi wird das ganze Jahr über Weihnachten gefeiert. Warum? Weil in den 1920er-Jahren ein Radiomoderator (damals hörte noch alle Welt Radio) in einem persönlichen Weihnachtsmärchen behauptet hat, der Weihnachtsmann wohne in einem Berg im Norden Finnlands. Der Berg habe die Form eines Ohres, damit er darin die Wünsche der Kinder aus aller Welt hören könne. Die Geschichte gefiel, und die Hörer riefen an und wollten den Weihnachtsmann besuchen. Kleines Problem: Den »Ohrenberg« gibt es zwar, aber er liegt weit abgelegen an der russischen Grenze. Der Einfachheit halber wurde deshalb Rovaniemi zum zweiten Wohnsitz des Weihnachtsmanns erklärt.

Und im Laufe der Jahre bekam die Sache Methode: Nachdem die Stadt im Krieg von der deutschen Wehrmacht total zerstört worden war, baute man sie wieder auf. Dass sie dabei die Umrisse eines Rentiers bekam, kann auch daran liegen, dass man das wichtigste Nutztier der Sami würdigen wollte, es passt aber wunderbar zu dem Weihnachtsmärchen.

Heute hat der Weihnachtsmann hier ein eigenes, direkt auf dem Polarkreis liegendes Dorf mit einem Postamt, in dem mehrere Angestellte damit beschäftigt sind, Briefe von Kindern aus aller Welt zu beantworten. Außerdem kann man eine Tour mit dem Rentierschlitten machen oder eine Huskytour durch den Wald des Weihnachtsmannes unternehmen. Überall werden – auch im Juni – Weihnachtslieder geträllert, und gerade weil das alles so schrecklich kitschig ist, landen hier jede Menge Flugzeuge irgendwelcher Billigfluglinien, deren Passagiere den Geist der Weihnacht spüren möchten. Wer nicht so drauf ist, dem wird das alles schnell zu viel. Ich rate jedenfalls von einem Besuch ab und mache mich vom Acker. Auf nach Schweden!

23. SCHWEDEN

Alles Ikea, oder was?

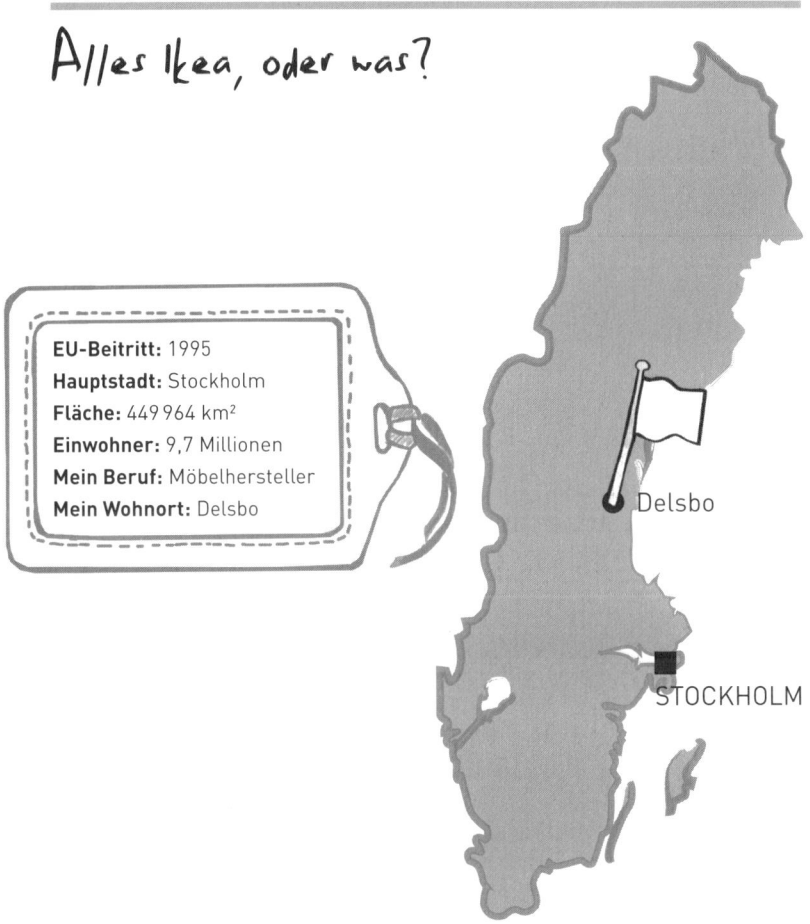

EU-Beitritt: 1995
Hauptstadt: Stockholm
Fläche: 449 964 km²
Einwohner: 9,7 Millionen
Mein Beruf: Möbelhersteller
Mein Wohnort: Delsbo

Delsbo

STOCKHOLM

Von Lappland nach Delsbo in Schweden, das sind 885 Kilometer südwärts. Mit Bus oder Bahn würde die Reise etwa 17 Stunden dauern, beide Verkehrsmittel aber kosten Geld. Das ist ein Problem, denn Skandinavien ist insgesamt teuer, und Finnland hat mein Budget schon belastet. In Griechenland habe ich eine Slowenin getroffen, die vom Baltikum bis ans Mittelmeer getrampt ist und ganz begeistert war. Und natürlich kenne auch ich ungefähr tausend Geschichten von Trampern, die als Anhalter gruselige Dinge erlebt haben oder erlebt haben wollen. Andererseits: Es gab genug Leute, die mich für verrückt erklärt haben, weil ich alleine nach Rumänien gefahren bin. Und da ist selbstverständlich auch nichts passiert. Und was so eine kleine Slowenin kann … Ich mache also meinen ersten Versuch als Anhalter. Vielleicht bin ich sogar schneller als mit Bus und Bahn.

Es läuft miserabel! Richtig bescheiden! Lappland ist groß, die Straßen sind einsam, und auch wenn eine Menge Autos vorbeikommen, anhalten will keines. Wahrscheinlich kommt ihnen ein Typ, der einfach so an der Landstraße mitten im Nirgendwo steht, unheimlich vor. Am frühen Nachmittag habe ich gerade mal 30 Kilometer geschafft – in fünf Stunden! Ich nehme schließlich doch lieber den Bus und strande kurz nach Mitternacht in Umeå, etwa 400 km von meinem Ziel entfernt. In Delsbo komme ich dann erst spät am nächsten Tag an. Hätte ich doch gleich den Bus genommen …

Delsbo ist winzig. Ein richtiges Nest – und mein Zuhause für die nächsten sieben Tage. Denn hier gibt es einen stillgelegten, halb verfallenen und von der Bahngesellschaft bereits vergessenen Bahnhof. Außerdem eine Gruppe Eisenbahnfreunde, die den Bahnhof gern wieder ins Streckennetz aufnehmen lassen würden, die »Dellenbanans Vänner«, die Freunde der Dellen-Eisenbahn. Und es gibt eine Innenarchitektin namens Sofia Park, die es sich zum Projekt gemacht hat, das »Delsbo stationskafé« wieder im Glanz lange vergangener Zeiten zu eröffnen. Ich gehe ihr zur Hand. Gefunden habe ich den Job übrigens über die Couchsurfingplattform – Sofia ist gleichzeitig meine Gastgeberin.

Skandinavisches Design ist – finde ich – schwer zu beschreiben. Wälzt man Bücher, dann liest man über eine Designbewegung der

1950er-Jahre. Damals hatte man die Idee – der Krieg war ja noch nicht lange vorbei –, dass schöne und funktionale Gegenstände des Alltags nicht nur für Wohlhabende erschwinglich sein sollten. Im Klartext: klare Linien, Schlichtheit, Konzentration auf das Wesentliche, weniger ist mehr, usw. Alles schön abwaschbar, sehr ordentlich, ziemlich kühl, teilweise ein bisschen langweilig, aber auch sehr effizient – klingt ein wenig wie das erste Geschäftskonzept von Ikea, oder? Sehr nett formuliert ist folgendes Zitat aus einer Zeitschrift über Wohndesign: »Die klassisch-moderne Innenarchitektur Skandinaviens ist besonders durch die kargen Landschaften geprägt. Und die enge Naturverbundenheit der Skandinavier spiegelt sich in der Art ihrer Wohnungseinrichtung wider.« Auch ein Satz, der als Werbung für Ikea funktionieren könnte.

Schweden bauen traditionell mit Holz, was einfach daran liegt, dass (wie in Finnland) mehr als die Hälfte des Landes bewaldet und Holz günstig zu beschaffen ist. Die schwedischen Häuser sehen zwar pittoresk und gemütlich aus, aus Sicht der Designer aber werden sie dem Funktionalismus zugerechnet. Farbenpracht, üppige Ornamente und Dekor werden abgelehnt, die Funktion bestimmt die Form. Und genau das ist, womit Sofia das Bahnhofscafé ergänzen möchte. Außentische und -bänke, die aussehen wie aus dem Holzbauspielkasten. Rustikal, funktional und ohne viel Schnickschnack.

Die Gegend ist sehr schön, und die mitunter einsam gelegenen, zumeist dunkelrot angestrichenen Häuser heben sich mit ihren weißen Balken gut von der Landschaft ab. Ich mag das. Alles sieht ein wenig aus wie in Astrid Lindgrens »Wir Kinder von Bullerbü«. Allerdings darf man sich nicht blenden lassen. Schweden ist eines der technisch modernsten Länder, in dem ich je war: Internet gibt's überall, die Gefahr, irgendwo im Wald mal keinen Handyempfang zu haben, tendiert gen null, und obwohl die Schweden im Jahr 1661 als erstes Land in Europa das Papiergeld eingeführt haben, sind sie heute auch das erste Land, welches das Bargeld komplett abschaffen will. Kein Scherz: Bargeld ist für die schwedischen Banken eine »Sache von gestern«. In Bussen und Straßenbahnen kann man schon heute nicht mehr mit Münzen und Scheinen bezahlen, und wer keine Kreditkarte hat, der begleicht die Rechnung im Café einfach per Handy-SMS. Der schwedische Bankenverband unterstützt die Abschaffungsbestrebungen nach Kräften. Die Argumente: Kostenersparnis durch weniger Bargeldtransporte, weniger Banküberfälle, weniger Korruption und Bestechlichkeit (Bargeld hinterlässt keine Spuren). Dass fortan elektronisch nachvollziehbar ist, wer was wo bezahlt hat, kann den Steuerbehörden nur recht sein, stört in Schweden aber wohl sonst niemanden. Ein Steuergeheimnis gibt es nämlich ohnehin nicht. Wer wissen will, was sein Nachbar verdient, wie viele Steuern er bezahlt und wovon er das schicke Boot im Hafen finanziert hat, geht zum Amt und schaut in ein für jedermann zugängliches Register. »Transparenz« nennen das die Schweden …

Innerhalb der EU gehört Schweden übrigens zu den Musterschülern. Bei unseren Nachbarn im Norden scheint alles zu laufen. Das Schulsystem schneidet in allen EU-Vergleichen gut ab, die Arbeitslosenquote ist mit acht Prozent auch noch nicht beängstigend und die Integrationspolitik gilt als vorbildlich: Die Asylpolitik ist liberal, und wer einwandert, bekommt jede Menge staatliche Hilfen zur Eingliederung, unter anderem Sprachunterricht.

Ständig als »Musterschüler« vorgeführt zu werden kann aber auch zu einer Art Überlegenheitskomplex führen. Mit dem EU-Beitritt jedenfalls hat sich Schweden zunächst mehr als schwergetan, und den Euro wollten sie auch nicht. Warum auch? Wer will schon in einem Club Mitglied werden, dessen Mitglieder alle mehr Probleme haben als man selbst? Andererseits sind vielen EU-Mitgliedern auch die Schweden suspekt. Alles läuft so glatt, ist so gut organisiert und erscheint fast perfekt – da muss doch was faul sein!

Bei mir läuft es nicht so perfekt. In meinem Fall ist der Beruf des »Designers« nämlich mit dem Beruf des Handwerkers gleichgesetzt. Und so messe, säge und bohre ich und habe schließlich die Basiselemente von vier Gartentischen und acht Bänken vor mir. Mir fehlt allerdings die schwedische Gelassenheit. Jedes von mir gesägte und zurechtgehobelte Holzteil muss vor dem Zusammenbau nämlich zweimal gestrichen werden. Einmal weiß, dann farbig. Und jede Farbschicht muss 24 Stunden trocknen … Erst dann kann geschraubt und geklebt werden. Das Warten frustriert mich, und ich fürchte, dass in diesem Sommer niemand in den Genuss kommen wird, auf dieser Bank zu sitzen. Denn der Sommer in Schweden ist zwar wunderschön, aber so kurz, dass selbst die Schweden spotten, er dauere nur vom 31. Juli bis zum 1. August. Wenn er dann aber da ist, genießen sie ihn in vollen Zügen. Und dabei sind sie so beschäftigt, dass sogar viele Cafés im Sommer geschlossen haben, weil deren Besitzer im Urlaub sind, und das, obwohl natürlich der Sommer die Hauptzeit für Touristen und andere Gäste ist. Aber so sind sie, die Schweden: ruhig, gelassen, freundlich, lebensfroh. Und der Wirt, Kellner oder Tellerwäscher, der im Sommer arbeitet, der würde mit seinem Fleiß womöglich den Sommer seines Lebens verpassen. Auch eine Einstellung, sogar eine ganz sympathische.

Für mich ist Ausruhen jedoch nicht angesagt. Montagmorgen erwartet mich schon wieder ein neuer Chef. Ich verlasse Schweden etwas zerknirscht, mit dem Gefühl, meine Arbeit nicht zu Ende gebracht zu haben. Jedoch bin ich auch auf die Fahrt nach Dänemark gespannt: Ich habe zufällig einen italienischen Anhalterveteran mit mehr als 100 000 Kilometer Trampererfahrung getroffen. Er hat mir viele wertvolle Tipps gegeben. Ob ich die 800 Kilometer nach Dänemark wohl schaffen werde – oder muss ich wieder in den Bus umsteigen?

24. DÄNEMARK

Glücklich im Land der starken Winde

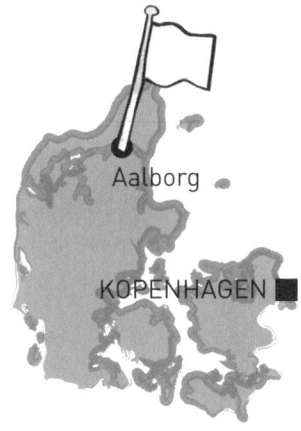

Aalborg

KOPENHAGEN

EU-Beitritt: 1973
Hauptstadt: Kopenhagen
Fläche: 43 094 km²
Einwohner: 5,6 Millionen
Mein Beruf: Versuchsingenieur
Mein Wohnort: Aalborg

»Hier bin ich Mensch, hier darf ich's sein.« Ein Goethe-Zitat. Falsch: *das* Goethe-Zitat! Denn wenn jemand auch nichts über Goethe weiß, den Satz kennt er. Heinrich Faust, Goethes unglücklicher Gelehrter, sagt ihn beim Osterspaziergang, als ihm auffällt, wie glücklich die Menschen um ihn herum sind. Ich bin auch glücklich. Ich bin in Aalborg, der Hauptstadt Nordjütlands. Wie angekündigt, bin ich hierhergetrampt, und dieses Mal hat es relativ gut – also relativ schnell und einfach – geklappt. Hier sogar noch ein Trick, wie man umsonst mit einer dänischen Fähre fahren kann: Fragt im Hafen einen Autofahrer, ob ihr kurz einsteigen und mit ihm auf die Fähre rollen dürft. Abgerechnet wird nämlich nur das Auto, die Anzahl der Insassen spielt keine Rolle.

Dänemark ist das Land der Windkraft, und ich arbeite hier in einem kleinen Unternehmen, das die Prototypen von Rotorblättern für neue Windenergieanlagen auf ihre Belastbarkeit testet. Kein Job, den ich »einfach nur so« bekommen habe. Ein Bewerbungstest war es zwar nicht gerade, aber ich musste den Firmenchef Carsten (Dänen – mit Ausnahme der dänischen Königin – bestehen auf dem Du) in einem etwas längeren Gespräch davon überzeugen, dass ich etwas von Aerodynamik verstehe.

Und ich fühle mich hier pudelwohl. Es ist eine reine Ingenieursarbeit: Messungen, klassische Formeln und Gleichungen der Mechanik sowie der Aerodynamik, trigonometrische Raffinesse – genau die Art von Job also, der ich durch meine Reise entkommen wollte, und doch bin ich total glücklich. Es ist eine Art intellektuelle Entrostung und macht unglaublich viel Spaß: kein Computer, kein Excel-Spreadsheet. Nur ein Blatt Papier, ein Stift und ein paar Formeln. Das ist wie im Studium. Toll! Mein Job ist es herauszufinden, wie man einfach und effizient den Luftwiderstand eines schwingenden Rotorblattes vermindern kann. Denn weniger Luftwiderstand bedeutet auch, dass man in der Testanlage weniger Strom verbraucht und das Unternehmen im Laufe der Zeit eine Menge Geld spart. Nach eineinhalb Jahren Abstinenz vom Ingenieursberuf hat mir diese Art Arbeit wohl doch ein bisschen gefehlt.

Es liegt aber auch an der Firma: ein kleines Unternehmen mit einem sympathischen und in jeder Hinsicht kompetenten Chef und einigen sehr netten Kollegen, die von überall aus Europa kommen. Da ist zum Beispiel Gunnar, ein ehemaliger isländischer Fischer, der sich im Alter von über 30 Jahren noch mal entschlossen hat, sein Abitur nachzuholen, zu studieren und schließlich als Diplom-Ingenieur zu promovieren. All das, um nicht mehr ständig auf See zu sein und seine zwei Kinder öfter sehen zu können. Ich finde das beeindruckend, in Dänemark aber ist ein solcher Richtungswechsel nicht ungewöhnlich, auch wenn Gunnar natürlich ein extremes Beispiel ist. Dänemark ist das erste Land, in dem das in den 1990er-Jahren entwickelte Arbeitsplatzmodell der »Flexicurity« umgesetzt wird: Umschulung und Weiterbildung gehören zum ganz normalen Berufsleben, ein Berufswechsel ist kein Problem, der Staat sichert einen immer ab. Im Gegenzug wird es den meist mittelständischen Unternehmen leicht gemacht, Leute einzustellen und auch wieder zu entlassen.

Es ist ein in Dänemark unglaublich erfolgreiches Modell (die Arbeitslosenquote ging auf die Hälfte zurück), aber der Staat muss mitmachen, und dafür braucht er Geld. In Dänemark kein Problem, denn auch Normalverdiener zahlen knapp 60 Prozent Steuern. Dafür verlangen die Bürger allerdings auch einiges vom Staat: »Dänen«, erklärt mir ein Kollege, »halten einer alten Dame zwar die Tür auf, sind aber trotzdem der Meinung, dass der Staat eigentlich eine automatische Tür einbauen müsste.«

Die Stimmung im Unternehmen ist großartig, wir haben viel Spaß und reißen Witze über die einzelnen Nationalitäten. Die Hierarchien sind flach und jeder fühlt sich eingebunden. Kurz: Diese Woche ist wirklich ein Vergnügen.

Über 5000 Windkraftanlagen stehen im Land und vor der Küste, und ständig kommen neue, größere und leistungsstärkere hinzu. Nicht nur, weil der Wind in Dänemark relativ stark und besonders regelmäßig bläst – Dänemark hat vor 20 Jahren beschlossen, auf regenerative Energien zu setzen, und zieht das »voll durch«. Das kleine Land hat dadurch geschafft, wovon andere Staaten träumen: nämlich einen nennenswerten Teil des gesamten Strombedarfs durch sogenannten sauberen Ökostrom zu decken. 2013 war ein Rekordjahr für die dänische Windenergie. Übers Jahr hält sich der Anteil der aus dem Wind gewonnenen Energie bei knapp 30 Prozent, einzelne Monate und Tage liegen sogar darüber. Im Dezember 2013 lieferten die Windräder sagenhafte 54,8 Prozent des landesweit benötigten Stroms. Der Rekord über eine Stunde wurde am 1. Dezember zwischen vier und fünf Uhr morgens erreicht: 135,8 Prozent. Ziel für 2020: 50 Prozent, gerechnet übers Jahr.

»Saubere Energie«, das ist übrigens ein ziemlich irreführender Begriff. Energie bedeutet immer Umwandlung. Sauber im Sinne von »etwas unberührt lassen« kann Energie deshalb nie sein. Und »überhaupt nicht umweltbelastend« ist Windstrom natürlich auch nicht. Schließlich verschlingt schon die Herstellung der Windräder natürliche Ressourcen und Energie. Richtig sauber ist eigentlich nur der hinter dem Begriff stehende Gedanke, dass eine Energiequelle bereitgestellt werden soll, die umweltschonender ist als konventionelle Quellen wie Kohle- und Atomkraftwerke und dessen Vorteile alle Nachteile bei Weitem übersteigen.

So eine Windkraftanlage ist ein gewaltiges Bauwerk. Etwa 180 Meter hoch, allein die Rotorblätter heutiger On-Shore-Anlagen sind bis zu 65 Meter lang, und man kann in ihrem Inneren problemlos einige Meter aufrecht gehen. Im Off-Shore-Bereich sind die Blätter bis zu 85 Meter lang, Tendenz steigend. Wenn so ein tonnenschwerer Rotor sich dreht, werden gewaltige Kräfte freigesetzt. Kleines Beispiel? Bei einer Windgeschwindigkeit von nur 40 Stundenkilometern drehen sich die Blattspitzen eines modernen Dreiblattrotors mit 240 bis 300 Stundenkilometern quer zum Wind. Der Druck ist enorm, und dazu kommen Eigenbewegungen: Haben Sie während eines Fluges schon einmal aus dem Fenster der Maschine gesehen? Die Flügel schwingen in den Turbulenzen leicht auf und ab. Bei den Rotorblättern ist das genauso. Auch sie schwingen, und irgendwann ermüdet das Material. Die Frage ist immer nur: wann genau? Es ist wie bei einem Bett: Wenn 100 Personen gleichzeitig darauf herumhüpfen, geht es sofort kaputt. Hüpft nur eine, dauert es zwar länger, irgendwann aber heißt es auch hier: Knack! Bett kaputt! Das »Blade Test Center A/S« in Aalborg testet die Rotoren, und so einen Test mitzuerleben ist ziemlich aufregend: Ein Ende des 10 bis 15 Tonnen schweren Rotors (die genauen Daten sind streng vertraulich) wird in 15 Meter Höhe fest in einer Wand verankert, das andere Ende schwingt frei im Raum. Sechs Meter nach oben, sechs nach unten, rund eine Million Mal, einen ganzen Monat lang, rund um die Uhr.

Dänemark ist klein. Gerade mal 5,6 Millionen Einwohner, und die, die ich getroffen habe, scheinen alle unglaublich gelassen zu sein. Einen Dresscode gibt es in den meisten Unternehmen zum Beispiel nicht. Die Dänen sehen die Kleiderordnung im Büro eher lässig, und solange es kein offizieller Termin ist, kann jeder in Jeans und T-Shirt zur Arbeit erscheinen. Selbst Banker tragen nicht alle einen Anzug. In Deutschland undenkbar. Die Menschen hier sind in ihrer ganzen Lebensart irgendwie »hyggelig«. Das ist ein dänisches Wort für … tja, wofür es ganz genau steht, weiß eigentlich niemand wirklich, weil es keine genaue Übersetzung gibt. Kerzenschein ist »hyggelig«, ein wunderschöner Ausblick aufs Meer ebenso, die Beziehung zwischen Mann und Frau kann »hyggelig« sein, in dem Fall bedeutet es so was wie »vertraut« oder »intim«. Kurz: Die Dänen haben's gern gemütlich, gehen vertraut und freundlich miteinander um und sind nett. Alles sehr »hyggelig«.

———•———

Ich persönlich finde Windkraftanlagen faszinierend. Aber ich habe leicht reden, denn ich lebe in der Stadt und habe sie nicht vor meiner Haustür stehen. Vielleicht würde ich anders denken, wenn irgendjemand beschlösse, mir so ein Ding direkt vor die Nase oder in meine unmittelbare Nachbarschaft zu setzen. Dann würde ich vielleicht auch ein »Wutbürger« werden. Die Amerikaner nennen so etwas das »Nimby«-Phänomen. Nimby ist ein Akronym für »not in my backyard« – nicht in meinem Hinterhof. Man findet irgendetwas großartig, »aber bitte nicht bei mir zu Hause«!

Und nicht alle Dänen wollen in der Nähe einer Windkraftanlage leben, weshalb in den Zeitungen regelmäßig vom Protest verschiedener Bürgerinitiativen gegen die »Windkrafttyrannei« zu lesen ist. Manche stört die »Verschandelung der Küsten«, und noch viel gravierender sind für viele die gesundheitlichen Folgen: Die großen Rotoren drehen sich nicht geräuschlos, und es gibt Studien, denen zufolge man die niederfrequenten Drehgeräusche noch zwei Kilometer entfernt hören kann. Und ständiger Lärm – auch wenn er kaum wahrgenommen wird – kann krank machen. Schlafstörungen sind da nur eines von vielen Symptomen.

Mir tut es fast leid, als die Woche vorbei ist. Dänemark hat Spaß gemacht. Die Arbeit war interessant, die Menschen waren nett, und wenn man mich jetzt fragen würde, ob ich mir vorstellen könnte, diesen Job länger zu machen, ich würde antworten: »Absolut!«

25. NIEDERLANDE

Die geschäftliche Seite der Romantik

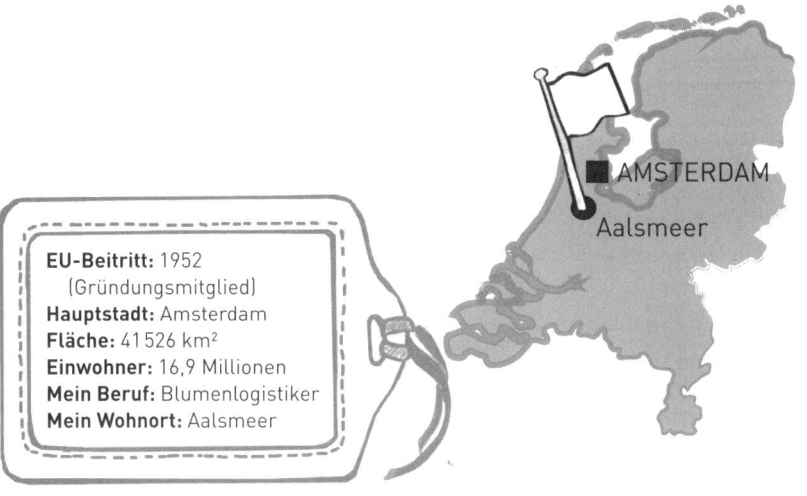

EU-Beitritt: 1952
(Gründungsmitglied)
Hauptstadt: Amsterdam
Fläche: 41 526 km²
Einwohner: 16,9 Millionen
Mein Beruf: Blumenlogistiker
Mein Wohnort: Aalsmeer

»Achtung, Platz da!« Ich muss mich sputen: Mit gefühlten 180 Sachen rase ich mit einem kleinen, orangefarbenen Elektrotraktor und einer vollen Ladung Blumen durch eine riesige Halle. Links kommt schon meine Ausfahrt, ein kurzer Check, ob die Bahn frei ist, ich lenke durch den Gegenverkehr. Sie merken: Diese Woche wird sportlich, in dieser Woche liefere ich Blumen.

Aber nicht irgendwie und irgendwo. Ich bin in Aalsmeer, dem größten Blumenumschlagsplatz der Welt, nur ein paar kurze Autominuten vom Amsterdamer Flughafen Schiphol entfernt, und hier sitzt »FloraHolland«, eine Vermarktungsgesellschaft, zu der über 4500 Blumenproduzenten gehören. 130 Hektar Betriebsgelände, vier Hektar davon allein für Kühlhäuser. 60 Prozent der weltweit verkauften Blumen werden hier gehandelt. Durchschnittlich

21 Millionen Schnittblumen und drei Millionen Topfpflanzen täglich. Tagesumsatz: 4,5 Millionen Euro. An Festen wie Weihnachten oder dem Valentinstag steigt der Umsatz locker auf 25 Millionen und mehr. Diese Woche steht ganz im Zeichen des Schulanfangs in Russland. Denn die Einschulung der Kinder ist für russische Familien ein großes Fest. Die Verwandten kommen zusammen, den einzuschulenden Mädchen werden bunte Bänder in die Zöpfe geflochten, und die Lehrerinnen bekommen von jedem Kind einen Blumenstrauß geschenkt. Merke: Blumenhandel ist international!

250 Handelstage, jährlicher Umsatz rund 1,2 Milliarden Euro – und das nur in Aalsmeer. Daneben gibt es in Holland noch fünf weitere Auktionsplätze von FloraHolland. Aalsmeer aber ist der größte, und ich bin diese Woche mittendrin: als Blumenfahrer beziehungsweise als Blumenlogistiker.

Ein irrer Job. Arbeitsbeginn ist 5:30 Uhr, und in der 740 mal 700 Meter großen Betriebshalle (das sind 71 Fußballfelder, eines der größten Betriebsgebäude der Welt) herrscht Jahrmarktsstimmung. Ich fahre eines der schier unzählbar vielen kleinen, orangefarbenen Elektrofahrzeuge. Jedes zieht einen Anhänger, auf den Rosen, Tulpen, Narzissen und etliche andere Schnittblumen geladen sind. Ein unglaubliches Gewusel mit eigenen Verkehrsregeln, Einbahnstraßen und Überholspuren. Um hier überhaupt fahren zu dürfen, musste ich erst die betriebseigene »Fahrschule« besuchen. Der Unterricht fand zwar auf Holländisch statt, aber mit Deutsch- und Englischkenntnissen ist die Sprache erstaunlich schnell verständlich.

Das Ziel meines kleines Traktors ist ein Schienensystem, das aus den drei wie Auditorien aufgebauten Handelsräumen hinausläuft. Darin sitzen etwa 400 Blumenhändler, das Ohr am Telefon, die Finger auf der Tastatur ihrer Laptops, die Augen auf zwei an der Wand angebrachten Großbildschirmen, den sogenannten Clocks. Neben einem Bild der gerade gehandelten Blume stehen ein paar Information zur Charge – und ein rasant fallender Preis. Der erste Bieter erhält den Zuschlag und darf zu dem angezeigten Preis so viele Blumen kaufen, wie er will. Das System garantiert den Verkäufern die höchstmöglichen Preise, das Risiko liegt beim Broker: Wer zu früh drückt, kauft teuer ein, wer zu spät drückt, bekommt vielleicht zu wenig Blumen und kann die von seinen Kunden bestellte Menge nicht bedienen. Willkommen in der Welt des Blumenhandels.

Durchschnittlich alle vier Sekunden machen die Broker einen Abschluss, und so schnell sie entscheiden, so schnell müssen die Blumen geliefert werden. Und an dieser Stelle komme ich und mein kleiner orangener Elektrotraktor ins Spiel. Denn Zeit spielt eine große Rolle, selbst mit guter Kühlung lassen sich die Blumen nur eine gewisse Zeit frisch halten. Ich muss deshalb schnell sein, denn nach der einen Blumenlieferung wartet bereits die zweite, dann eine dritte und vierte. Ein individuelles Identifizierungssystem registriert genau, welcher Fahrer wie viele Blumen zu welchen Zielen bringt, und vermerkt auch Fehllieferungen. Gute Fahrer sammeln Bonuspunkte. Die Blumen werden den Spediteuren übergeben, die sie auf die vor den Rampen stehenden Lastwagen verladen. Einige werden dann sofort zum Flughafen gebracht, die meisten jedoch direkt zum Kunden geliefert: Blumenläden, Supermärkten, regionalen kleinen Händlern. Jeden Tag starten von Aalsmeer aus Hunderte Lkw in alle Richtungen.

Aalsmeer ist eine Art Wallstreet des Blumenhandels. Das kommt insbesondere daher, dass Holland mehr Blumen produziert als der Rest der Welt zusammen – was bei einem dicht besiedelten Land, das kleiner ist als Niedersachsen, schon verwunderlich ist. Allerdings geht der Marktanteil holländischer Blumen heute zurück, hauptsächlich zugunsten von Ländern wie Kenia und Äthiopien. Weil sie in diesen warmen Ländern gut gedeihen? Hauptsächlich. Weil die Löhne dort viel geringer sind? Natürlich auch. Weil die Umweltvorschriften in diesen Ländern viel lockerer sind? Das wollen wir nicht hoffen! Vor einigen Jahren nämlich, genauer 2007, hat die deutsche Stiftung Warentest eine holländische Blume im Labor untersucht und darin 16 verschiedene Substanzen gefunden, von denen die Weltgesundheitsorganisation WHO einige als hochgiftig eingestuft hat. Daraufhin erließ die EU eine Umweltschutzrichtlinie und sperrte mehr als 120 chemische Stoffe, die in der Blumenzucht eingesetzt wurden. Ob es seither besser ist? Das müssten neue Tests ermitteln. Tatsache ist, dass Holland sich in den vergangenen Jahren immer stärker auf den reinen Handel mit Blumen und die damit verbundene Logistik konzentriert. Und bei so vielen Blumen, die hier ständig durch die riesige Halle gefahren werden, will ich einfach glauben, dass sie gesundheitlich absolut unbedenklich sind …

Die Woche war interessant, der Job hat einen Riesenspaß gemacht. Es war ein bisschen wie Autoscooter fahren, nur ohne Zusammenstoß. Und auch wenn ich mit Blumen eigentlich wenig am Hut habe, hat mich der Ort fasziniert: ein irres Gewusel, eine logistische Meisterleistung inmitten eines Farbenmeers aus Millionen von Blumen, aus Hunderten von Sorten. Noch dazu bin ich hier auf lauter nette Kollegen gestoßen – und das ist wichtig. Sie kommen von überall her, denn die Niederlande sind als ehemalige Kolonialmacht und Seefahrernation schon immer »multikulti« gewesen. Angestellte aus knapp 50 Nationen arbeiten für FloraHolland, und so muss ich nicht jedem nur »Hoi, alles goed?« (»Hey, alles klar?«) zurufen, sondern kann einem Griechen ein fröhliches »Kalimera, kalimera« (»Guten Morgen«) wünschen und einen Belgier kongolesischer Herkunft mit »Bonjour, comment ça va?« begrüßen.

Es ist ein toller Job, ideal für Studenten, die sich nicht scheuen, früh aufzustehen. Und wer weiß, der Blumenhandel – so sagt man mir – sei ein zukunftssicheres Geschäft. Es könnte also auch langfristig ein Beruf daraus werden.

26. ISLAND

Vom Sich-treiben-Lassen im Paradies

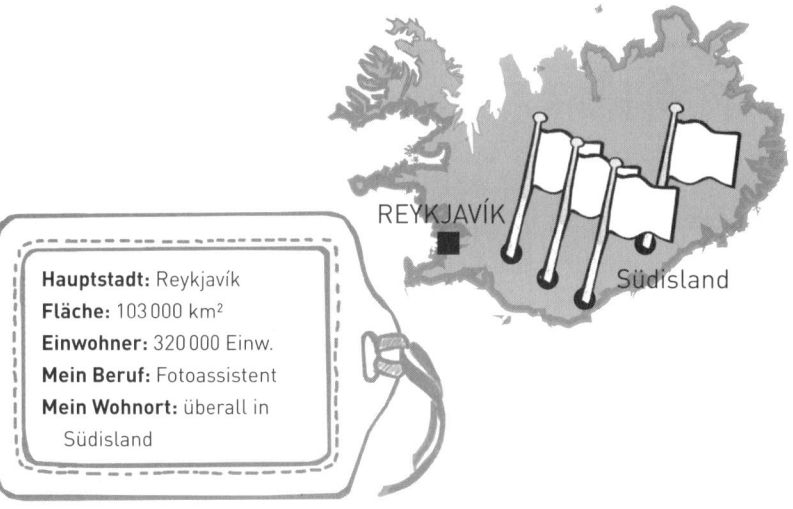

REYKJAVÍK

Südisland

Hauptstadt: Reykjavík
Fläche: 103 000 km²
Einwohner: 320 000 Einw.
Mein Beruf: Fotoassistent
Mein Wohnort: überall in
   Südisland

Erinnern Sie sich noch an den Ausbruch des Eyjafjallajökull? Der isländische Vulkan unter dem gleichnamigen Gletscher, der 2010 anfing zu qualmen und den gesamten Flugverkehr in Europa lahmlegte? Das war für manche zwar eine wirtschaftliche Katastrophe, gleichzeitig aber auch ein unglaublich faszinierendes Spektakel. Island ist eine Vulkaninsel, im Boden rumort es ständig. Die Isländer verfügen über so viel Hitze, dass sie sogar ihre Bürgersteige beheizen! Geothermie, also die Nutzung der Erdwärme, ist in Island ein lukratives Feld, und weil das Thema nicht nur aus Sicht eines Ingenieurs faszinierend ist, hätte ich dort gern in einem geothermalen Kraftwerk gearbeitet. Lange Zeit habe ich »gebaggert«, dann aber doch eine Absage erhalten. Und nun? Fischer? Die Fischerei ist auf der Insel immerhin der wichtigste Wirtschaftsfaktor. Aber Fischer war ich ja bereits auf Malta, und schon damals habe ich ge-

merkt, dass ich nicht wirklich seefest bin. Und dann der Geistes-
blitz: Wofür ist Island bei den meisten Menschen berühmt? Richtig, für seine Landschaften und seine Naturschauspiele. Ungefähr
30 aktive Vulkansysteme, Geysire, Polarlichter, Gletscher, Wasser-
fälle … wer das gesehen hat, vergisst es nie wieder!

Also google ich »Landscape Photography Iceland« und stoße
ziemlich schnell auf Einar Erlendsson, Fotograf und Gründer von
»FocusOnNature«, einem Unternehmen, das in der tatsächlich
weltweit einmaligen und atemberaubenden Landschaft Islands Fo-
toworkshops veranstaltet. Zu verlieren habe ich nichts, also rufe
ich ihn einfach an – und zu meiner großen Verwunderung sagt
er tatsächlich sofort zu. Er bietet mir an, für eine Woche lang der
»Mann für alles« zu werden. Ich liebe solche Menschen!

»The Adventure of a Lifetime« heißt der einwöchige Workshop, zu
dem Einar mich einlädt – und wow!, er hält alles, was der Titel verspricht! Von Einar organisiert, wird der Workshop von den ame-
rikanischen Digitalkünstlern John Paul Caponigro und Seth Res-
nick geleitet. Außerdem mit an Bord: Ragnar Th. Sigurdsson oder
einfach nur »Ragi«, Isländer und wohl fleißigster Schöpfer isländischer Postkarten und Fotobücher, in denen die Schönheit der Insel präsentiert wird. Zwölf sehr fortgeschrittene Amateure nehmen
teil, allesamt mit einer beneidenswerten Ausstattung von zwei Kameras (falls eine während der Reise kaputtgeht), mehreren Objek-
tiven sowie leistungsstarken Laptops, um die Fotos sofort bearbei-
ten zu können. Dazu kommen noch ein Fahrer und natürlich der
Mann für alles (ich), und dann geht es auch schon los – mit einem
geländetauglich umgebauten Bus zu einigen der schönsten und
spektakulärsten Orte der Insel.

Von früh bis spät waren wir unterwegs: eine Rundfahrt mit einem
Amphibienauto auf dem Jokulsarlon (einem See, in dem große Eis-

berge schwimmen), eine Gletschertour auf dem Vatnajökull, eine Expedition hinter einen Wasserfall bei Sonnenuntergang. Und zwischendurch immer wieder ein lautes »STOOOOPP!«, wenn jemand während der Fahrt etwas Besonderes entdeckt hat: eine Hügelweide, eine Geröllfläche, die wie eine Mondlandschaft aussieht und auf der die NASA ihre Fahrzeuge für die Mondlandung getestet hat, Klippen, fluffiges Moos, eine malerische, einsame Kapelle, farbenprächtige und kontrastreiche Landschaften aus dunkelroter Erde, schwarzem Vulkangestein und tiefgrüner Vegetation … Island ist so voller Naturschönheiten und derart abwechslungsreich, dass es außerordentlich schwer ist, nicht alle fünf Minuten anzuhalten.

Klar, dass unter diesen Bedingungen keine Zeit bleibt, mittags in ein Restaurant zu fahren. Auf dem Weg gibt es deshalb meistens Sandwiches, und die zu belegen gehört zu meinen Aufgaben. Die Zutaten dazu habe ich mit Einar schon am Morgen eingekauft. Tja, und sonst? Ich trage das Gepäck, wenn wir das Hotel wechseln, stelle die Leinwand für die Besprechung der Bilder auf, mache Fotos von den anderen Teilnehmern für deren Erinnerungsalben und helfe, wo und wann immer ich benötigt werde. Den Rest der Zeit kann auch ich am Workshop teilnehmen und Tausende Bilder schießen: Es ist ein absoluter Traumjob!

Ganz nebenbei lernte ich jede Menge über Fotografie: dass Bilder eine Geschichte erzählen müssen, dass man ein Objekt mit der Kamera einmal komplett umkreisen sollte, um einen originellen Winkel zu finden, dass porträtierte Personen in den Raum hineinschauen müssen, warum man Fotos lieber im .raw als im JPG-Format abspeichern sollte, und, und, und …

Etwas allerdings gibt es, das in Island nicht ganz so großartig ist: das Wetter. Es ist wahrlich kein Platz zum Kuscheln. Eigentlich, spotten selbst die Einheimischen, gibt es nur zwei Jahreszeiten: Winter und August, wobei auch dann die Höchsttemperaturen 15°C nicht überschreiten. In der Woche, in der ich da war, wurde es nicht so warm: Ohne Winterjacke, Schal, Mütze und Handschuhe konnte ich kaum aus dem Bus steigen. Und weil es so kalt und unwirtlich ist, gibt es auf der Insel außer ziemlich vielen Vögeln, Fischen, Robben, Polarfüchsen und dem einen oder anderen auf einer Eisscholle angetriebenen Eisbären eigentlich nur die berühmten Islandpferde und Schafe. Letztere leben gefährlich: nicht, weil ihnen jemand an die Wolle will, sondern weil sie nachmittags lieber auf dem warmen Asphalt als im kühlen Gras liegen – und viel Platz ist auf Islands einspurigen Straßen nicht. Auch die Pflanzenwelt ist, mit den Augen eines Mitteleuropäers betrachtet, eher kärglich: Flechten, Moose, allerlei Kraut, Wurzeln und Blaubeeren, alles nah am Boden, damit der eisige Wind die kleinen Ästchen nicht wegreißt. Und Wälder gibt es, bis auf ein paar wenige zusammenstehende Baumgruppen, gar nicht.

Verständlich, wenn man sich mal überlegt, wo Island liegt: abseits im Nordatlantik, knapp unterhalb des Polarkreises. Island ist – nach Großbritannien – der zweitgrößte Inselstaat Europas, insgesamt aber gibt es nur rund 320 000 Einwohner, das sind gerade einmal drei Einwohner pro Quadratkilometer. Island ist deshalb eines der fünf am dünnsten besiedelten Länder der Welt. Durch die isolierte Lage der Insel hat sich die isländische Sprache zumindest in der Schrift über die Jahrhunderte kaum verändert: Isländer können historische Dokumente aus der Wikingerzeit ohne große Mühe lesen. Auch haben sie als einziges skandinavisches Land das traditionelle Prinzip der Namensgebung beibehalten: Es gibt, anders als bei uns, keine Familiennamen, die von Generation zu Generation weitergegeben werden. Der Nachname bildet sich aus dem Vornamen plus einer Endung, die anzeigt, ob man Sohn (»son«) oder Tochter (»dottir«) von jemandem ist. So ist Einar Erlendsson also der »Sohn von Erlend« und seine Söhne tragen deswegen den Nachnamen Einarsson, während seine Töchter mit Nachnamen Einarsdottir heißen. Logisch, dass man da schnell den Überblick verliert, wer jetzt eigentlich mit wem verwandt ist … was bei einer so dünn bevölkerten Insel mit historisch sehr geringer Einwanderung schnell problematisch werden kann. Auch wenn die Wahrscheinlichkeit in Wahrheit gering ist, lautet ein beliebter Witz in Island, dass jemand »aus Versehen mit jemandem aus der eigenen Familie schläft«. Wer auf Nummer sicher gehen will, nicht (zu nahe) mit seinem Gegenüber verwandt zu sein, der kann seit Kurzem eine entsprechende App benutzen. Das klingt zwar höchst unangebracht, ist aber wahr: Die »App der Isländer« basiert auf dem »Íslendingabók«, dem Ahnenbuch der Nation, in dem (fast) alle Isländer gelistet sind, die in den letzten 300 Jahren auf der Insel gelebt haben. Das Funktionsprinzip steht im Slogan: »Bump the app before you bumb in bed« – Handys zusammenstoßen, herausfinden, wie nah man sich steht, und dann entscheiden, wie nah man sich kommen will.

Mal kurz zusammengefasst: Diese Insel und ihre Einwohner sind einzigartig reich. Reich in der Vielfalt der Landschaft und der natürlichen Sehenswürdigkeiten, reich an einzigartigen Traditionen und reich an charakterlichen Schätzen wie zum Beispiel Offenheit. Ich glaube, Isländer sind allein schon deshalb so kommunikativ, weil man es sich in einer derart rauen Umgebung gar nicht leisten kann, zu seinem Nachbarn kein gutes Verhältnis zu haben. Wer die Gelegenheit hat, sollte sich die Insel unbedingt ansehen, auch wenn das Leben dort unglaublich teuer ist.

Würde ich den Job wieder machen? Ja, selbstverständlich, sofort, immer wieder! Allein für diese Woche haben sich die Strapazen der Organisation des gesamten Projekts gelohnt und absolut ausgezahlt. Also, Einar, ich warte auf deinen Anruf!

27. DEUTSCHLAND

Nachdenken übers Altwerden

Dötlingen

BERLIN

EU-Beitritt: Gründungsmitglied (1952)
Hauptstadt: Berlin
Fläche: 357 168 km²
Einwohner: 81 Millionen
Mein Beruf: Altenpfleger
Mein Wohnort: Dötlingen
(Niedersachsen)

Manchmal muss man auch Glück haben: Auf meinem Weg von Finnland zurück nach Paris mache ich halt bei Michael Jaskule-wicz in Dötlingen, in der Nähe von Bremen. Michael ist Couchsurfer und Geschäftsführer der »Ambulante Pflege Landdienste GmbH«, einem Altenpflegedienst – und er fand mein Projekt nicht nur spannend, sondern bot mir auch an, eine Woche in seiner Firma zu arbeiten.

Will ich Altenpfleger werden? Nun, der Job gilt als krisensicher, Fachleute rechnen in den kommenden Jahrzehnten mit einer rasant steigenden Nachfrage in der Seniorenbetreuung, und Deutschland ist auf dem besten Weg zum »Land der Alten«. Anfang des 20. Jahrhunderts sah unsere Alterspyramide noch wie eine perfekte Pyramide aus: Unten waren ausladend viele Junge, nach oben hin wurden es immer weniger Männer und Frauen, und die schmale Spitze, das waren die Alten. In den 1950er- und 1960er-Jahren hatte die Pyramide dann die Form eines gezackten Tannenbaums, mit tiefen Einschlägen durch beide Weltkriege, während denen die Geburtenrate stark zurückgegangen war. Seither dreht sich alles um: Im Jahr 2000 sah der Tannenbaum schon aus wie ein unten abgefressener, schlecht geschnittener Buchsbaum, und wenn die Prognosen der Demografen stimmen, könnte 2040 rund ein Drittel der deutschen Bevölkerung über 65 Jahre alt sein. Und fragt man beim Statistischen Bundesamt in Wiesbaden nach, dann erfährt man, dass der Beschäftigungsanstieg in den sozialen Berufen fast ausschließlich auf die Altenpflege zurückzuführen ist. Allein 2012 haben 58 300 Jugendliche eine Ausbildung in einem Pflegeberuf begonnen. Mehr als in jeder anderen Branche.

Ich gebe zu, mir war anfangs ein wenig mulmig. Im Grunde ist es ja eine einfache, zutiefst menschliche Aufgabe, sich um jemand anderen zu kümmern. Aber: Ich kenne alte Menschen nur als »älter geworden« und trotzdem noch »fit«. Allen voran mein deutscher Großvater, der mit 95 dem Unkraut in seinem Garten noch selbst den Garaus macht und hauptsächlich isst, was er dort für sich anbaut. Aber es sind auch die Alten, die mit mir in der Schlange im Supermarkt stehen oder neben mir im Bus sitzen. Sie sind – schon weil mir die Achtung vor dem Alter anerzogen wurde – Respektspersonen, und bis auf die Tatsache, dass sie mehr Falten, mehr Lebenserfahrung und einen anderen Horizont haben als ich, unterscheiden wir uns kaum. Aber wie benimmt man sich gegenüber pflegebedürftigen Senioren? Ich habe einem alten Menschen noch nie auf die Toilette geholfen. Wie mache ich das, ohne die Person zu brüskieren oder ihr Schamgefühl zu verletzen? Werde ich jemanden füttern müssen? Was muss ich tun und wo liegen die Grenzen, die man als Pfleger nicht überschreiten darf?

Glücklicherweise kommt es gar nicht zu einer solchen Situation, weil auch die Pflegedienstleitung weiß, dass man Neulinge am besten sanft einarbeitet. »Das ist auch für die Senioren besser. Wer will schon, dass einen jeden zweiten Tag ein neuer Jungspund pflegt, den man nie zuvor gesehen hat?«, erklärte mir Michael. Also habe ich Kaffee gekocht, Kuchen serviert, einen kleinen Spaziergang gemacht, mich mit den Alten unterhalten und ihnen geholfen, wann immer sie ein wenig Hilfe brauchten.

Pflege ist ein kompliziertes Thema, weil sie grundsätzlich etwas mit Geld zu tun hat. Lebt man in einem Heim, und wenn, in was für einem? Wird man zu Hause gepflegt? Und von wem? Hilft die Familie oder hält sie sich raus? Kann sich der Senior vielleicht eine Seniorenwohnung leisten? Lebt er in einer Wohngemeinschaft? »Meine« Senioren leben in einer WG. Ein Mann, elf Frauen, alle dement, wenn auch in verschiedenen Stadien. Eine Handvoll Pfleger betreut die Herrschaften rund um die Uhr, und was mich überrascht, ist, wie schnell ich in den Job hineinwachse und wie viel Spaß mir die Arbeit macht. Zunächst halte ich mich zwar sehr zurück, weil ich Angst habe, die tägliche Routine durcheinanderzubringen und mehr zu schaden, als zu nutzen. Aber es dauert tatsächlich nur einen Tag, bis ich mich entspanne und die Bewohner und ich uns kennenzulernen beginnen. Na ja, eigentlich lernen mich einige täglich mehrfach kennen, denn das Kurzzeitgedächtnis lässt bei Demenzkranken als Erstes nach, und so dauert es tatsächlich teilweise nur eine Viertelstunde, bis sie mich wieder vergessen haben: »Sagen Sie bitte, hier war doch vorhin so ein netter junger Mann, der mir beim Wäschefalten geholfen hat?« »Ja, vielen Dank für das Kompliment, das war ich. Möchten Sie noch einen Kaffee? Kann ich Ihnen noch irgendwie behilflich sein?«

Demenz ist eine tückische Krankheit. Sie beginnt mit einer »alltäglichen Vergesslichkeit«, und irgendwann sitzt man stundenlang am Fenster, hat jedes Zeitgefühl verloren, ist verwirrt und beginnt, in der Vergangenheit zu leben. Solche Patienten zu betreuen ist ein 24-Stunden-Job. Sie haben kein Zeitgefühl, leben in einer Art Traumwelt. Erinnerungen kommen hoch: die Kindheit, der Krieg, die frühen Jahre im Beruf. Es ist tatsächlich schwierig, sich da richtig zu verhalten, erst wenn man aufhört nachzudenken, tut man das Richtige: ihre Hand halten, zuhören, mit ihnen sprechen, auch wenn sie plötzlich ins Plattdeutsche ihrer Kindheit verfallen und man kein Wort mehr versteht.

Es war eine besondere Woche. Anstrengend, aber zutiefst berührend. Ohne Idealismus wird man im Pflegeberuf wahrscheinlich nicht alt. Und wenn es bei mir mal so weit ist? Schwierige Frage: Ich weiß ja noch nicht mal, wo ich in fünf Jahren bin, was ich dann machen werde. Dennoch: Wenn es so weit ist, dass ich nicht mehr allein zu Hause leben kann, würde ich mir wünschen, in einer ähnlichen WG unterzukommen wie der, in der ich nun gearbeitet habe. An einem Ort, wo ich die Hausregeln mitbestimmen und meine vertrauten Möbel aufstellen kann. Mit Pflegern, die Zeit für mich haben und mit Geduld auf meine Wünsche eingehen. Ich hasse es zum Beispiel, wenn ich meine Zahnbürste vor dem Putzen nicht nass machen kann, und ich will auf gar keinen Fall irgendwann einmal einem Pfleger ausgeliefert sein, der mir die trockene Bürste in die Hand drückt, bloß weil er zu wenig Zeit hat oder ihm meine Wünsche nicht einleuchten. Ich möchte beim Essen nicht einfach einen Teller hingestellt bekommen, sondern mir selbst auffüllen und mir meine Hände mit einem Handtuch und nicht mit Papiertüchern abtrocknen. Kurz: Ich möchte mich zu Hause und nicht einfach »abgestellt« fühlen. Doch vor allem bin ich erst 25 Jahre alt und möchte eigentlich noch gar nicht so viel über mein Altsein nachdenken …

28. NORWEGEN

Schön, reich und keinen Bock auf EU

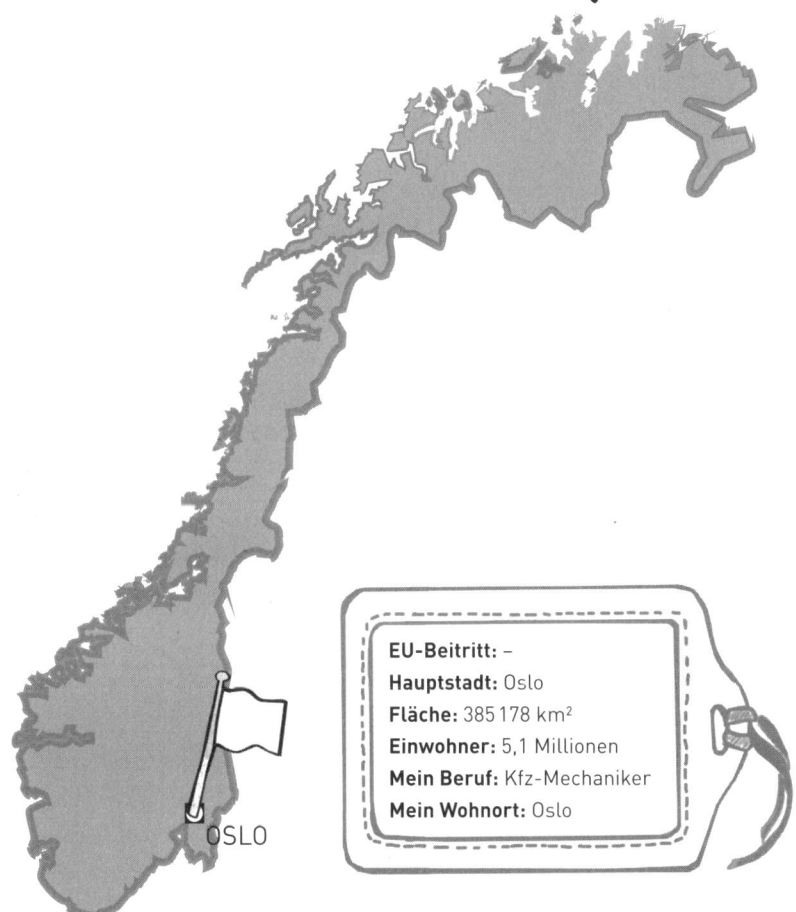

EU-Beitritt: –
Hauptstadt: Oslo
Fläche: 385 178 km²
Einwohner: 5,1 Millionen
Mein Beruf: Kfz-Mechaniker
Mein Wohnort: Oslo

OSLO

Oslo, idyllisch gelegen zwischen Fjord und Bergen, eine königliche Hauptstadt und – mit Ausnahme einiger entlegener norwegischer Städte hoch oben im Norden – der mit großem Abstand teuerste

Fleck Europas. Ich stehe am Hafen, habe gerade zehn Euro für ein pappiges Sandwich bezahlt und komme mir vor, als hätte man mir das Portemonnaie geklaut. Wie soll ich in dieser Stadt überleben?

Geld spielt in Oslo tatsächlich eine große Rolle – beziehungsweise es spielt keine, weil die Norweger so gut verdienen. Statistisch gesehen, bekommt jeder Norweger in seinem Beruf mindestens 50 Prozent mehr als sein deutscher Kollege. In manchen Branchen gilt auch das Doppelte bis Dreifache als vollkommen normal. Über ein Sandwich für zehn Euro, einen »Big Mac« für elf Euro, eine Pizza für 20 Euro und das billigste Dosenbier für drei Euro regt sich hier deshalb niemand auf, abgesehen von den armen Touristen.

Der Grund für Norwegens Reichtum ist ein Fund, den die Geologen einer Erkundungsbohrinsel am 23. Dezember 1969 vor der Küste gemacht haben. Sozusagen ein Weihnachtsgeschenk: ein gigantisches Ölfeld, das man später »Ekofisk« genannt hat. Geschätzt knapp vier Milliarden Barrel liegen dort – also etwa 600 Milliarden Liter des Schmier- und Brennstoffs, der unsere Gesellschaft am Laufen hält.

Und selbstverständlich ist das nicht das einzige Ölfeld, das den Norwegern gehört. 1974 entdeckte man das noch viel größere »Starfjord«, »Gulfaks« kam 1978 hinzu, »Oseberg« 1979 … Insgesamt fördert Norwegen derzeit auf insgesamt acht Feldern und hat deshalb für die nächsten Jahrzehnte aus- und vorgesorgt. Denn Norwegen gründete mit dem Geld den größten Investitionsfonds der Welt: über 650 Milliarden Euro, die weltweit ausschließlich in Unternehmen investiert sind, die mit den moralischen, sozialen und ökologischen Werten Norwegens vereinbar sind. So soll der Wohlstand Norwegens auch über die Zeit der Ölförderung hinaus garantiert werden. Irgendwann werden auch die norwegischen Quellen leer gepumpt sein (schon wird kaum mehr als die Hälfte der Menge aus dem Jahre 2001 gefördert, Tendenz weiter sinkend).

Am liebsten hätte ich hier in der Erdölindustrie, am besten auf einer Offshore-Plattform gearbeitet. Klappte aber nicht. Ich hätte Sicherheitskurse belegen, Gesundheitschecks über mich ergehen lassen müssen, meine Vita wäre von oben bis unten durchleuchtet worden – alles sehr aufwendig und langwierig. Ich bin deshalb in einer anderen Branche gelandet, in der ich aber auch mit Öl zu tun habe: Autowerkstätten. Wie ich darauf gekommen bin? Na ja, aus Öl macht man Benzin. Ist ein wenig um die Ecke gedacht, aber immerhin …

Eigentlich passt der Job aber ganz gut: Die Autoreparatur in Norwegen hat nämlich einen besonderen Stellenwert, denn Autos sind hier so unglaublich teuer, dass selbst gut betuchte Norweger sich überlegen, ob sie das alte Auto nicht lieber noch einmal reparieren lassen, anstatt ein neues zu kaufen. Dass unter diesen Umständen alle Inspektionstermine in der Werkstatt penibel eingehalten werden, versteht sich von selbst. Ein gepflegtes Auto behält schließlich länger seinen Wert – falls man sich doch noch entscheidet, sich davon zu trennen.

Eine große Hilfe bin ich allerdings nicht. Ich habe mich nie für Autos interessiert, wollte und hatte auch nie eines und bin seit meiner Führerscheinprüfung vor einigen Jahren nur ein einziges Mal gefahren: 100 Kilometer auf einer Autobahn. Auch als Mechaniker ist meine Erfahrung begrenzt: Gemeinsam mit zwei ausgebildeten Männern habe ich mal das monströs große (1,20 Meter Durchmesser!) und 150 Kilo schwere Rad einer Boeing 777 gewechselt, aber das ist kaum vergleichbar.

Auf Fragen wie »Weißt du, wie man … ?« antworte ich deshalb stereotyp mit: »Nein, tut mir leid!« Glücklicherweise braucht man für die Standardkontrolle eines Autos dann doch keinen Magister in Mechanik. Öl- und Filterwechsel, Luftdruck, Keilriemenkontrolle, Bremsplakettenwechsel … das alles ist schnell gelernt.

Norwegen ist übrigens kein Mitglied in der EU. Es gab 1962 und 1967 zwar zweimal einen Mitgliedsantrag, beide aber scheiterten damals am Veto Frankreichs (das damals eigentlich gegen Großbritannien gerichtet war, die Ablehnung Norwegens war ein Kollateralschaden), und danach wollte Norwegen nicht mehr. Und das wird sich so schnell wohl nicht ändern. Warum? Weil es keinen Grund gibt. Der Frieden in Europa scheint gesichert, und davon abgesehen, wäre eine EU-Mitgliedschaft für Norwegen zu teuer. Denn da das kleine Land dank seines Erdöl eines der reichsten Länder der Welt ist, würde Norwegen zum größten Nettozahler werden, also viel mehr in den Gemeinschaftstopf einzahlen, als es herausbekäme. Überdies genießt das Land seine noch ziemlich junge Selbstständigkeit. Vom Spätmittelalter bis zum Beginn des 20. Jahrhunderts nämlich hing Norwegen entweder an Dänemark oder an Schweden und wurde als »Kriegsbeute« mal an den einen und dann wieder an den anderen verschachert. Erst 1905 trennte sich das Land durch eine Volksabstimmung von Schweden.

Spaß hat es den meisten Norwegern allerdings nicht gemacht, in ihrem Land zu leben. Alte Arbeiterquartiere, düstere Mietskasernen, und im Zweiten Weltkrieg ging's wirtschaftlich richtig bergab. Und heute? Kein Vergleich! Heute ist Oslo eine lebendige, sehr moderne und – dank der »Petrodollar« – fast komplett neu aufgebaute und von Grund auf sanierte Stadt mit großen Parks und einer Menge Wald.

Viel habe ich von Norwegen ja leider nicht gesehen, aber schon die Fahrt durch den knapp 100 Kilometer langen Oslofjord war atemberaubend und ließ erahnen, wie schön das Land ist. Die Natur ist deshalb wohl auch der Ort, an dem sich die Norweger am liebsten aufhalten. Fast jeder besitzt eine oder gar mehrere Wochenendhütten an irgendeinem Fjord oder Berg. Angeln und Segeln, das sind die beliebtesten Beschäftigungen im Sommer, im Winter wird Ski gelaufen. Gearbeitet wird zwar auch eine Menge, die Norweger aber haben zu ihrer Arbeit eine enorm lebensbejahende und sehr sympathische Einstellung. Man arbeitet, um Geld zu verdienen. Basta. Wer arbeitet, weil er mit seinem Leben nichts anderes anzufangen weiß, der gilt als armer Tropf. Menschen, die gern über ihren Beruf reden, haben in Norwegen wenige Gesprächspartner. Und wenn man neue Menschen kennenlernt, fragt niemand danach, was man beruflich so machen würde. Man fragt viel eher: »Was hast du am Wochenende gemacht?« Gut, wenn man dann antworten kann: »Ich war erst angeln, dann segeln und dann bin ich auf einen Berg gestiegen.«

Geschichten von der Arbeit werden nur erzählt, wenn sie lustig sind. So wie die Geschichte meines Couchsurfergastgebers Eirik, (auf Deutsch »Erik«), übrigens der beliebteste männliche Vorname in Norwegen. Eirik war während seines freiwilligen Militärdienstes Mitglied der Leibgarde des norwegischen Königshauses – also quasi das norwegische Pendant zu den Bärenfellmützenträgern der Queen. Auch sie müssen stundenlang mit geschultertem Gewehr Wache stehen, ohne dabei eine Miene zu verziehen. An was denkt ein Soldat in dieser Situation? »Oh Mann, was ist das Gewehr schwer.« »Mein Gott, das Ding ist wirklich schwer!« Nach einer Weile fällt ihm ein: »Hey, ich darf die Position wechseln!« – sehr zur Freude der anwesenden Touristen, die nur darauf warten, dass endlich etwas passiert. Erleichterung macht sich beim Soldaten breit … bis es ihm weniger als zwei Minuten später wieder dämmert: »Oh Mann, was ist das Gewehr schwer …«

Eine weitere norwegische Besonderheit ist das »Janteloven«, das »Gesetz von Jante«. Das ist eine Figur aus einem 1933 erschienenen Roman, dessen Autor eine sympathische Regel aufstellte: Alle sind gleich, keiner besser als der andere. Deshalb duzen sich in Norwegen auch alle. Vom Penner bis zum Präsidenten sind alle

»per Du«, nur bei der königlichen Familie macht man eine Ausnahme. Wer sich für etwas Besseres hält, gilt als Angeber. Und weil auch der Landbesitzer nicht besser ist als der, der kein eigenes Land besitzt, gilt in ganz Skandinavien das Jedermannsrecht, das »Allemannsrett«: Jeder darf sich in der Natur bewegen, egal, ob es ein Wanderweg oder ein Privatweg ist, der Badesee jemandem gehört oder der Strand abgesperrt ist. Man darf Wiesen und Felder durchqueren und auch dort zelten. Allerdings gilt gutes Benehmen als Pflicht und allzu lange sollte niemand bleiben.

Was ich von Norwegen gesehen habe, ist schön, und wenn ich mehr Geld hätte, wäre ich wahrscheinlich noch gern im Land herumgereist. So aber ist das Land für mich zu teuer. Als Automechaniker habe ich wohl keine Zukunft, aber ich verstehe, warum die Norweger bei ihrer Nationalhymne voller Inbrunst singen: »Ja, vi elsker dette landet«, »Ja, wir lieben dieses Land.« Das würde ich auch, schon allein wegen der guten Gehälter.

29. MONACO

Zu Gast bei Prunk und Protz

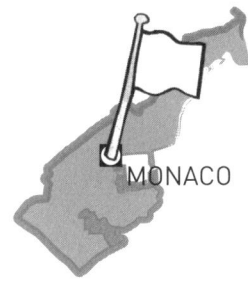

MONACO

EU-Beitritt: –
Hauptstadt: Monaco
Fläche: 2,02 km²
Einwohner: 36 000
Mein Beruf: Küchenhelfer
Mein Wohnort: Monaco

Vom Tellerwäscher zum Millionär, das ist *der* Klassiker unter den Erfolgsgeschichten. Jemand fängt ganz unten an, arbeitet hart, hat gute Ideen, bringt eine gewisse Innovationskraft mit, trifft den Nerv der Zeit und hat Erfolg. Großartig! Aber wieso Tellerwäscher? Wer stand Pate für dieses heute ja geflügelte Wort? Ich hab's gegoogelt, habe aber nichts gefunden. Dabei würde mich die Entstehung dieser Geschichte wirklich interessieren. Ich bin in dieser Woche nämlich Küchenhilfe in Monaco. Sozusagen ein Tellerwäscher für Millionäre.

Mein Arbeitsplatz ist das »Zest« an der Route de la Piscine. Nicht die größte Straße Monacos, aber sie hat – besonders unter den Paparazzi – einen Ruf wie Donnerhall. Denn: Sie liegt direkt am Port Hercule, dem größten der drei Häfen Monacos. Hier werden die großen Jachten vertäut. Die, für deren Besitz es schon gar nicht mehr reicht, ein kleiner Millionär zu sein – sogenannte Megajachten. Kleine Millionen braucht man allein für den Unterhalt dieser teilweise über 60 Meter langen Luxusschiffe mit eigenem Kino, Pool und Hubschrauberlandeplatz – da würde für die restlichen Millionärsbedürfnisse kaum etwas übrig bleiben. Und warum liegen diese Megajachten gerade hier? Weil Port Hercule direkt im Zentrum des nur knapp über zwei Quadratkilometer großen Fürstentums liegt. Und das heißt: runter von der Gangway und rein ins Vergnügen. In bequemer Stöckelschuhdistanz liegen die rund 200 Luxusboutiquen und Geschäfte zwischen der Rue Grimaldi, Rue Millo und der Rue Terrazzani sowie in der Fußgängerzone Princesse Caroline. Clubs, Restaurants, schicke Bars – wer im Port Hercule anlegt, ist mittendrin.

Ein idealer Platz für ein Restaurant, besonders jetzt, wo die »Monaco Yacht Show«, eine Art Leistungsschau der Schiffsvermieter aus aller Welt, läuft. Ein großes Spektakel: Zwischen den überall im Hafen und auf Reede liegenden Jachten transportieren kleine, schick aussehende Beiboote die Schaulustigen, die sich von den 150 Euro für ein Ticket nicht haben abschrecken lassen. Und 150 Euro, das ist nur »fürs Gucken«. Wer auf die Schiffe rauf will, muss das nötige Kleingeld haben, um eines zu chartern. Die Preise beginnen bei etwa 30 000 Euro die Woche für ein kleines Boot und enden irgendwo im hohen sechsstelligen Bereich für eine Luxusjacht, mit der man dann aber auch Eindruck schinden kann – Verpflegung und Diesel für die Ausflüge aufs Meer allerdings nicht mit inbegriffen.

Für eine Küchenhilfe wie mich ist das alles unerschwinglich. Außerdem komme ich kaum raus. Meine tägliche Arbeit besteht nämlich hauptsächlich in der »Mise en place«: Radieschen, Tomaten und Trauben putzen und schneiden, Salat waschen, hart gekochte Eier schälen, Garnelen enthülsen – mindestens acht, in der Regel aber eher zehn bis zwölf Stunden am Tag. Über die Welt der Gourmets, also der Feinschmecker, lernt man dabei wenig, aber selbst wenn ich dem Küchenchef ständig über die Schulter schauen könnte, weiterbringen würde es mich nicht: Der Renner im »Zest« nämlich sind die Hamburger, von denen so viele bestellt werden, dass selbst die lokalen McDonald's-Filialen (ja, davon gibt's in Monaco sogar zwei) neidisch gucken würden. Beliebt ist auch das »Beefsteak Tatare«, also besonders fein gehacktes rohes Rindfleisch, angemacht mit einem rohen Ei, Zwiebeln, Essiggurken und Kapern. Nicht gerade ein Gericht, für das man eine Kochschule besuchen müsste, zumal das Tatar schon gehackt geliefert wird.

Monaco ist ein seltsamer Ort. Mit seinen zwei Quadratkilometer nist das Land kaum größer als 280 Fußballfelder, und wenn man darin herumläuft, glaubt man in einer anderen Welt zu sein. Lamborghini, Ferrari, Rolls-Royce, das Kasino, Luxus, Prunk und Protz an jeder Ecke. Auf den ersten Blick ist das vielleicht faszinierend, und ja, man kann ein bisschen neidisch werden, in der Masse aber wirkt so viel Luxus vor allem anstößig. Ohne Rolex am Arm komme ich mir hier geradezu ärmlich vor. Ein Gefühl, das mich mit vielen der nur rund 8000 Monegassen verbindet. Denn auch wenn die hier Geborenen mit ihren höheren Löhnen und der nicht existierenden Einkommenssteuer sicherlich gut verdienen, so leben in Monaco noch knapp viermal mehr Ausländer – und die sind in der Regel noch reicher.

Das Straßenbild ist dementsprechend. Überall gut gekleidete Menschen, viele ältere Herren, begleitet von jüngeren Damen. Geld scheint nicht wirklich eine Rolle zu spielen. Und auch der Staat gibt sich mit »Arme-Staaten-Themen« wie zum Beispiel »Verschuldung« nicht ab: Die Staatskasse hat ein Polster von mehr als fünf Jahreshaushalten, und die Arbeitslosenquote unter Monegassen liegt offiziell bei 0,00 Prozent. Selbstverständlich gibt es keine obdachlosen Monegassen. Es kann zwar passieren, dass jemand alles verliert, aber dann reicht ein Anruf beim Prinzen, der Hof sorgt für einen Übergang. Die gewöhnliche Kriminalitätsrate ist offiziell die niedrigste der Welt, was unter anderem an der 515 Mann starken Polizeieinheit und den ebenso vielen Kameras liegt, mit denen Monaco flächendeckend überwacht wird – was in »meiner« Woche allerdings vier Litauer nicht davon abhält, einen Juwelier zu überfallen, die Verkäuferin zu fesseln und mit Schmuck im Wert von 200 000 Euro zu flüchten. Ein fernsehreifes Szenario: eine im Geschäft zurückgelassene, gefesselte Juwelierin, eine Verfolgungsjagd mit mehreren gerammten Autos, ein Auftritt der GIGN, also der »Groupe d'Intervention de la Gendarmerie Nationale« (dem französischen Pendant zur GSG 9), und es fiel sogar ein Schuss. Kurz: Spannung pur für alle Zuschauer und Gesprächsstoff für die nächsten Tage. Weit kamen die Räuber übrigens nicht, und ein paar Monate später standen sie auch schon vor Gericht. Das Urteil: bis zu 13 Jahre. Für einen missglückten Überfall? Harte Sitten im Paradies.

Apropos: Monaco ist ein Finanzparadies. Es gibt keine Einkommenssteuer, die Erbschaftssteuer ist niedrig. Das Land ist deshalb ein begehrter Rückzugsort für wohlhabende Weltenbürger, die hier ihr Geld »beschützen« wollen – zumeist vor den Finanzämtern ihrer Heimatländer. Das Fürstentum kommt ihnen da gern entgegen. Zwei der wichtigsten Wirtschaftszweige hier nämlich sind Banken und Versicherungen. Außerdem die Verwaltung, die grundsätzlich auf alles hohe Gebühren erhebt. Wer zum Beispiel nach Monaco ziehen möchte, der braucht dafür ein »Beherbergungszertifikat« des Einwohnermeldeamtes, und das kostet.

Selbstverständlich bekommt man das Papier nur, wenn man eine Wohnung und obendrein auch noch ein entsprechendes Vermögen nachweisen kann. Im Jahr 2008 wurde die Fürstenfamilie von der Europäischen Kommission öffentlich für die »mangelnde Bekämpfung der Geldwäsche in Monaco« gerügt. Zwar arbeitet das Land in den letzten Jahren hart daran, sein Image aufzupolieren, aber so ganz glauben die EU-Finanzbehörden den Versprechungen von der »Kooperationsbereitschaft im Kampf gegen die Geldwäsche« wohl noch nicht …

Und dann erhasche ich doch noch eine Idee, wie das Leben der Schönen und Reichen in Monaco aussehen kann. Das »Zest« nämlich betreibt auch einen Catering-Service, und der ist während der Yacht-Show ziemlich beschäftigt. Denn was ist schon eine Schiffsbesichtigung ohne Häppchen, Snacks und Cocktails? Richtig, eine ärmliche Veranstaltung, mit der man keine Kunden gewinnt. Ein bisschen was muss man schon auffahren, wenn man zeigen will, wie schick der Badeurlaub hier sein kann. Und so finde ich mich in der Küche einer 50-Meter-Jacht wieder und richte an: Warme und kalte Speisen, Süßes und jede Menge Feingebäck. Alles muss schön aussehen und vor allem gut organisiert sein: Kommt ein Kellner mit einem leeren Teller, muss bereits ein neuer bereitstehen. Blöd nur, dass ein paar Teller beim Transport zu Bruch gegangen sind und ich zwischendurch auch noch spülen muss. »Bloß nicht verkrampfen«, hat der Küchenchef der Jacht mir empfohlen. »Sei kreativ, hab Spaß!« Ich befolge den Rat: Ich erledige den Abwasch und versuche dann, jeden Teller ein wenig anders anzurichten – und es funktioniert: Der Abend ist ein Erfolg. Ein paar der Gäste kommen sogar zu mir in die Küche, um zu quatschen (kann natürlich auch sein, dass sie sich nur die 10 000 Euro teuren Öfen anschauen wollten). Interesse am Küchenpersonal? Falls einer von ihnen ein Sternerestaurant führt, dann könnte das der Beginn einer Karriere sein: vom Tellerwäscher zum Küchenchef, zum Restaurantbesitzer, zur Eröffnung einer Restaurantkette … und dann chartere ich genau diese Jacht für meine nächsten Sommerferien …

30. BELGIEN

Blattschuss im Radio

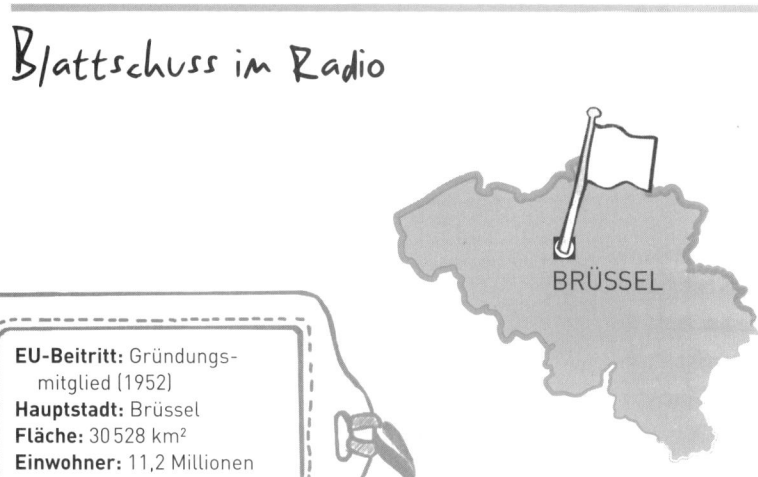

BRÜSSEL

EU-Beitritt: Gründungs-
mitglied (1952)
Hauptstadt: Brüssel
Fläche: 30 528 km²
Einwohner: 11,2 Millionen
Mein Beruf: Radiomoderator
Mein Wohnort: Brüssel

Halten Sie sich für schlagfertig? Glauben Sie, dass Sie die Fähig-
keit besitzen, auf eine beliebige Frage blitzschnell eine geistreiche
und vor allem witzige Antwort zu finden? Also, ich … ähhhhh. Bevor ich nach Belgien gekommen bin, hätte ich mit »Ja, klar!« ge-
antwortet. Heute weiß ich: Ich bin's nicht. Auf lustige Antworten,
von denen andere wünschten, sie wären ihnen eingefallen, komme auch ich häufig erst viele Stunden später, auf dem Weg nach
Hause. Woher ich das weiß? Ganz einfach: Ich arbeite beim Radio.
Genauer beim belgischen Sender »Twizz Radio«. Ich bin hier eine
Art Showpraktikant in der Sendung »Les Flingueurs de l'info«.
Und ein »Flingueur«, das ist ein Scharfschütze. Jemand, der jemanden abknallt, erledigt, über den Haufen schießt, plattmacht.
In der Show treten drei gestandene Maulhelden (gegeneinander)
an, die zum Feierabend das Tagesgeschehen kommentieren. Nur

um zu veranschaulichen, gegen wen ich da antrete: Moderator Maxence Lacombe beschreibt seinen Komplizen Frank Verpoeck als »zwei Meter großen Scherzkeks und vorlauten Kumpeltypen mit einem kräftigen Lachen«, während Pierre Chaudoir ein »neugieriger Werbeguru und unverschämter und absolut unaufrichtiger Improvisationskünstler mit einem leichten Hang zur Übertreibung« sei. Allesamt witzige, schlagfertige, gebildete und sehr sympathische Leute. Von Anfang an ist klar: Das wird schwer für mich!

Ich bin ganz begeistert, wie selbstverständlich sie sich die Pointen um die Ohren feuern. Doch dann: »Jan, was hältst du denn vom Spiel Anderlecht gegen Standard Lüttich?« »Ich, ähhhh …« Ladehemmung! Was halte ich denn von dem Spiel? Keine Ahnung. Ich hab's noch nicht mal gesehen. Ich habe auch keine Meinung über den Wolf, der kürzlich bei Philippeville, einer Kleinstadt im wallonischen Teil Belgiens, gesehen wurde, und ich habe auch nichts zum Streik bei »Lunch Garden« beizusteuern, einer belgischen Fast-Food-Kette. Kurz: Ich bin der »Ähhh-Mann«. Ich werde gefragt, stammele vor mich hin, versuche witzig zu sein und scheitere abermals. Mir fehlt die Leichtigkeit, diese Selbstverständlichkeit, mit der die drei sich ihre Bälle zuwerfen, und auch die passende Stimme. Ihre Stimmen sind markant und voll, meine kommt mir im Vergleich dann doch sehr, sehr dünn vor. Was wohl die Zuhörer gedacht haben? Wahrscheinlich haben sie über mich gelacht und sich gefreut, dass da endlich mal ein Franzose am Pranger steht. Sind es für gewöhnlich doch die Franzosen, die Witze über Belgier reißen …

Ich kann mich aber nicht einmal beschweren, schließlich habe ich mir diesen Job selbst ausgesucht. Ein französischer Radiosender hatte mich eingeladen, etwas über mein Projekt zu erzählen. Dabei erwähnte ich, dass ich noch keinen Job in Belgien habe, und der Moderator beschloss spontan, daraus eine Zuhöreraktion zu machen: »Besorgt Jan einen Job in Belgien! Ihr habt eine Stunde Zeit, am Ende der Sendung wollen wir was vermelden!« Oh Gott, dachte ich, das ist nicht gut. Wenn ich einen Job angeboten bekomme und ablehne, sind sie beleidigt und halten mich für pingelig. Es war wohl besser, wenn ich selbst die Initiative ergriff! In einer Pause bat ich deshalb darum, das Telefon benutzen zu dürfen, und weil ich in einem Radiosender war, rief ich bei einem Radiosender in Belgien an, quasi »unter Kollegen«. Der Trick funktionierte. Noch während der Sendung rief der belgische Programmdirektor zurück und dann ging's offiziell über den Äther: »Jan wird Kommentator bei Twizz Radio in Brüssel! Yeahhhh!« Nun ja, wer hätte schon gedacht, dass es so kommt: Sie sind die Schützen, ich die Zielscheibe. Alles für die Quote!

Dabei hatte alles so gut angefangen. Über das Couchsurfingportal lud mich Paul Bossu ein, einer der Vorsitzenden der belgischen Piratenpartei. Politisch spielen die keine Rolle, aber als Gastgeber ist Paul einsame Spitze. Er begrüßt mich nämlich mit einer Flasche »Westvleteren XII« – einem fast schon legendären Bier! Legendär nicht nur, weil es unter Kennern als das Beste der rund 1000 Biere Belgiens – ach was, der ganzen Welt! – gilt, sondern auch weil es beinahe unmöglich ist, davon ein paar Flaschen zu kaufen. Es ist ein viermal gegorenes Trappistenbier. Der Mönchsorden der Trappisten lebt in Abgeschiedenheit, übt sich in Schweigen und tut Buße. Die Mönche brauen nur so viel Bier, wie sie für sich selbst brauchen, und bei ihrer asketischen Lebensweise sind es deshalb auch nur ganz kleine Mengen. Wer eines haben möchte, der muss das sogenannte Biertelefon anrufen. Der Haken an der Sache: Dort hebt fast nie jemand ab. Möglicherweise muss man es über hundertmal versuchen, aber einen anderen Weg gibt es nicht. Hat man irgendwann Glück, bekommt man einen Abholtermin, und wer sich dann pünktlich am Klostertor einfindet und auch noch das zuvor am Telefon genannte Autokennzeichen vorweisen kann, erhält maximal zwei Kisten zu je 24 Flaschen. Außerdem muss man sein Ehrenwort geben, das Bier nicht Profit bringend weiterzuverkaufen. Trotzdem landen immer wieder Flaschen auf dem Schwarzmarkt. Sie haben kein Etikett, und man erkennt den Inhalt nur am Kronkorken. Und das ist auch der Grund, warum ich eines bekommen habe: Paul hat nicht richtig hingeschaut und sich nur vergriffen. Es war sein Einziges, und mir schmeckt es himmlisch!

Franzosen witzeln wirklich gern und viel über Belgien, Tatsache aber ist, dass das kleine Königreich weit mehr zu bieten hat als ausgezeichnete Schokolade, hervorragendes Bier und Essgewohnheiten, über die man den Kopf schütteln kann. Apfelmus zum Beispiel ist hier kein Nachtisch, sondern eine Beilage zu Brathähnchen mit Pommes frites, und süße Pfirsiche aus der Dose werden schon mal mit einer Thunfisch-Ei-Mischung gefüllt.

Von ihrer gewöhnungsbedürftigen Küche abgesehen, aber sind und waren die Belgier immer ein Volk, mit dem man gut zusammenleben kann. Schon 1944 – also viel früher als alle anderen – machten sie sich für eine Zollunion zwischen ihrem Land, den Niederlanden und Luxemburg stark. Belgien gehört zu den Gründungsstaaten Europas, und mit dem Sitz der EU-Kommission wurde Brüssel das Verwaltungszentrum der Europäischen Gemeinschaft. Warum Brüssel? Zum einen, weil Belgien geografisch tatsächlich in der Mitte Europas liegt. Viel wichtiger aber: Belgien ist zu klein, um irgendeine Vorherrschaft für sich zu beanspruchen und »großen« Ländern Konkurrenz zu machen. EU-psychologisch gesehen, ein enormer Vorteil. Und schließlich ist das kleine Belgien selbst ein Vielvölkerstaat: Da gibt es die Niederländisch sprechenden Flamen im Norden, die Französisch sprechenden Wallonen im Süden, die Francophonen in Brüssel und sogar eine kleine deutschsprachige Minderheit im Osten des Landes. Leicht war und ist das Zusammenleben nie gewesen. 2010 zum Beispiel kam es aufgrund des Dauerkrachs zwischen Flamen und Wallonen zu einer geschichtsträchtigen Krise. Belgien hatte 541 Tage lang keine Regierung. Weltrekord! Trotz aller Streitigkeiten aber kriegen die Belgier es immer wieder hin, sich zusammenzuraufen und eine gemeinsame Außen-, Justiz- und Energiepolitik zu betreiben.

Nein, ein guter Moderator wird aus mir nicht mehr. Ich habe drei gestandenen Hörfunkveteranen eine Woche lang als Punchingball gedient und dabei jede Menge Tiefschläge eingesteckt. Aber ich konnte auch ein paar Treffer landen: Beim Thema »Fußballweltmeisterschaft der Obdachlosen« zum Beispiel – einem von der UNO und UEFA unterstützten, jährlich ausgetragenen Turnier, zu dem die belgische Mannschaft mangels Geld nicht fahren konnte – wurde ich abschließend gefragt: »Jan, was können wir den Spielern wünschen?« »Dass sie im nächsten Jahr nicht mehr mitspielen.« »Wie bitte?« »Na ja, dann wären sie nicht mehr obdachlos!« »Ähhh, stimmt, Jan. Sehr gut!« Na bitte, geht doch – und fühlt sich gut an: Wenigstens habe ich diese Woche einmal etwas Intelligentes gesagt.

31. VEREINIGTES KÖNIGREICH

Unter Haien

EU-Beitritt: 1973
Hauptstadt: London
Fläche: 244 820 km²
Einwohner: 64,1 Millionen
Mein Beruf: Fischpfleger
Mein Wohnort: Norwich

Norwich

LONDON

England. Wer will schon in England arbeiten? Ich. Seit Monaten suche ich einen Job, finde aber nichts. Sieht so aus, als ginge mein Projekt jetzt zu Ende. Schlimm wäre es nicht, denn 30 Länder habe ich mittlerweile hinter mir. Mehr als ich – Hand aufs Herz – je geglaubt hätte zu schaffen. Und an England beiße ich mir nun die Zähne aus. Einen Platz als Kellner hätte ich zwar schnell gefunden, aber ich wollte etwas anderes: Ich wollte Banker in London werden. London ist einer der Hauptfinanzplätze der Welt, und in der »Square Mile«, dem historischen und wirtschaftlichen Zentrum der City of London, arbeiten rund 338 000 Leute im Bankgewerbe. Nur für mich haben sie offenbar keinen Platz.

Dabei hätte ich doch zu gern gewusst, ob es hinter den langweiligen Fassaden der großen Bankhäuser wirklich zugeht wie im Spielkasino. Spätestens seit der Weltwirtschaftskrise 2007 ist der Ruf der Banken ruiniert, und besonders doll sollen es unter anderem die britischen Broker getrieben haben.

Irgendwann muss ich einsehen, dass es mit dem Bankerjob nichts wird. Und nun? Ich muss ehrlich gestehen: »Meins« ist die Insel nicht. Im Rahmen meines Studiums war ich bereits einmal ein Jahr lang in England und habe beim Flugzeugmotorenhersteller Rolls-Royce in der 600 000-Einwohner-Stadt Bristol gearbeitet. Wirklich warm geworden bin ich nicht mit England. Doch eines muss man den Briten lassen, sie haben Humor. Trocken, schwarz, voller Understatement und Selbstironie. Also fing ich an, eine Liste der verrücktesten Jobs der Welt herauszusuchen – und irgendwann fiel das Wort »Haifischbeckentaucher«. »Aber klar doch«, entfuhr es mir: »Ich habe ja vor ein paar Jahren meinen Basistauchschein gemacht!«

Also habe ich alle Aquarien auf der Insel angerufen oder angemailt, alle haben abgelehnt – erst im Sea Life Centre in Great Yarmouth, der östlichsten Stadt der Grafschaft Norfolk, direkt an der Nordsee hatte ich Glück. Na ja, »Great« … eigentlich ist Great Yarmouth gar nicht so berauschend, ein besserer Name wäre eher »Okay Yarmouth«. Auf jeden Fall ist es ein beliebter, typisch englischer Badeort mit einer langen Promenade, einem kleinen Vergnügungspark mit Riesenrad und Achterbahn, einem kilometerlangen Strand und einem Aquarium als Touristenattraktion. Es gehört zur Sea-Life-Gruppe, einem britischen Unternehmen, das weltweit 37 solcher Aquarien betreibt: keine altmodischen Aquarien, sondern Unterwassertunnel, gebogene Becken und riesige Glaskugeln, in denen Tausende Fische über einen Boden aus Sand und Korallenriffen schwimmen.

In dieser Woche habe ich gelernt, warum Meeresbiologen und Naturschützer bei jedem Schiffsunglück, jedem Bohrinselzwischenfall oder noch so kleinen Verschmutzungen immer sofort den Teufel an die Wand malen. Die Unterwasserwelt ist unglaublich empfindlich: Die Wassertemperatur, der Salz-, Ammoniak- und Sauerstoffgehalt, der pH-Wert – es gibt nur sehr wenig Spielraum, alles muss genau stimmen. Und so verschieden die Meere, so unterschiedlich sind die Lebensbedingungen der darin lebenden Fische. Mit einer Wasserprobe am Tag ist es deshalb nicht getan, und sind in einem Becken die Verhältnisse perfekt, können sie im nächsten jederzeit umkippen. Ohne Technik geht im Sea Life Centre gar nichts. Über Filter und sogenannte Eiweißabschäumer werden aus dem Wasser organische Abfallstoffe wie Harnsäure und Fischkot gezogen. Und wird das Wasser getauscht, pumpt man nicht einfach Nordseewasser in die Becken, sondern reichert aufbereitetes Aquariumwasser mit speziellen Salzmischungen an. Es ist ein gewaltiges technisches Unterfangen, und die Apparatur eines so großen Aquariums nimmt mehr Platz ein als die Becken selbst.

Mein Einsatz als Haifischbeckentaucher ist deshalb auch ziemlich beschränkt. Zum einen, weil während eines Tauchgangs die Filteranlagen abgestellt werden müssen, zum anderen weil man mit der Planscherei auf Dauer die Fische stresst. Und so häufig, wie ich es mir gewünscht hätte, müssen die Scheiben auch gar nicht geputzt

werden. Im Grunde sind es nur der von den Schildkröten aufge-
wühlte Sand und ein paar Algen, die sich an den Scheiben festset-
zen.

Neben den drei neugierigen Meeresschildkröten tummeln sich
im Becken ein etwa 2,50 Meter langer Zebrahai, drei Ammenhaie
(sie können über vier Meter lang werden) und mehrere Schwarz-
spitzen-Riffhaie. Ist es gefährlich, zwischen diesen Fischen zu tauchen? Nein. Das Risiko, von einer Kokosnuss erschlagen zu werden, ist höher als das, infolge einer Haiattacke zu sterben. Aus Sicht
des Hais fällt die Statistik schlechter aus: Jährlich werden etwa 100
Millionen Haie vom Menschen getötet, mehrere Arten sind vom
Aussterben bedroht. Das Sea Life Centre hat es sich deshalb zu seiner Mission gemacht, den Besuchern zu vermitteln: »Hey, Haie
sind besser als ihr Ruf!« Außerdem: Die Haie hier fressen Heringe,
und dass ich nicht aussehe wie ein Hering, würde selbst ein blinder
Hai erkennen … hoffe ich!

Nein, ein ganz so gewagter Schritt ist der Platscher ins Becken
nicht, ein Abenteuer jedoch allemal. Allerdings fühle ich mich
darin zunächst nicht gerade wie ein Fisch im Wasser. Im Gegenteil, als Taucher mache ich einen ziemlich traurigen Eindruck. Ich
atme zu schnell, hyperventiliere beinahe, komme mit der Tarierweste nicht klar und kann deshalb meine Position im Wasser kaum
halten. Mal geht's hoch, dann wieder runter, dabei würde ich gern
in der Mitte schweben. Anscheinend ist Tauchen doch nicht wie
Fahrradfahren, das man angeblich nicht wieder verlernen kann.
Die armen Haie, entweder haben sie jetzt Bauchkrämpfe vom Lachen oder sie fremdschämen sich für mich zu Tode.

Irgendwann habe ich genug davon, Jo-Jo zu spielen, lasse die Luft aus
der Tarierweste, sinke auf den Grund und konzentriere mich aufs
Putzen. Eine gute Entscheidung, denn jetzt gewöhne ich mich all-

mählich an das fremde Element, und schnell gelingt mir auch wieder ein einigermaßen anständiger Tauchgang. Und das ist auch gut so, denn vor dem Becken und im Glastunnel hat sich mittlerweile eine kleine Traube Aquariumsbesucher versammelt. Alle feixen und schießen Fotos. Anscheinend finden sie Gefallen an dem Spektakel. Umgekehrt ist es aber auch witzig, die Besucher aus der Fischperspektive zu beobachten. Ich bin so abgelenkt und so vertieft in meine Arbeit, dass ich die Fische um mich herum ganz vergesse – bis mir eine der Meeresschildkröten einen kleinen Hieb mit ihrer Flosse versetzt: Aber ja, ich bin ja nicht allein hier! Die Meeresschildkröten sind faszinierend – und vor allem sind sie ungeahnt kräftig. So kräftig, dass man sie, wenn der Tierarzt sie für eine Untersuchung aus dem Becken holen will, zunächst einen Taucher ein paar Runden durchs Becken schleppen lässt, damit sie müde werden. Auch ein großartiger Job! Wer würde so etwas nicht gern machen?

Wenn ich nicht gerade »unter Fischen« bin, Fische für die Fütterung zerteile, die Wasserchemie überprüfe oder einem Pinguin einen Fisch zuwerfe (macht auch Spaß!), lebe ich »unter Engländern« – und will mich einfach nicht an das Land gewöhnen. Die Menschen, keine Frage, sind sehr, sehr nett, trotzdem ist in dem Land alles irgendwie anders, und es ist schwer, dieses Gefühl zu erklären. Aber auch andere fühlen es: Mit der Europäischen Union zum Beispiel wollten die Briten die ersten Jahre gar nichts zu tun haben. Statt daran mitzuarbeiten, alle Staaten Europas unter ein Dach zu bekommen, hingen sie längst vergangenen Träumen vom British Empire nach. Erst als ihnen klar wurde, dass das mit der alten Größe nichts mehr wird und sie auch wirtschaftlich nicht mehr ohne Europa konnten, bewarben sie sich um eine Mitgliedschaft. Der Antrag scheiterte zweimal (1963 und 1967), weil Frankreich die Briten für nicht »EU-tauglich« erachtete. 1973 wurden sie schließlich doch Mitglied, so richtig begeistert aber waren sie dann doch nicht über die Aufnahme.

Eine gemeinsame Wirtschaft? Ja! Aber eine politische Union? »Oh, no, Sir!« Logisch, dass sie nicht Mitglied des Schengen-Raumes sind und an den Grenzen also noch immer kontrolliert wird. Ganz klar, dass sie beim Euro nicht mitmachen, selbstverständlich, dass sie in Brüssel ständig die Rolle des »Bremsers« einnehmen, sich gegen alles stemmen und im Zweifelsfall einfach nicht mitspielen. Zum Beispiel bei der EU-Grundrechtecharta: Die Briten haben nicht unterschrieben, und deshalb gehören die Untertanen ihrer Majestät zu den wenigen EU-Bürgern, die ihre europäischen Grundrechte nicht vor dem Europäischen Gerichtshof einklagen können.

Die Briten haben einfach keine Lust, sich irgendetwas vorschreiben zu lassen, und sind dabei erstaunlich selbstbewusst. Frei nach dem Motto »Rule, Britannia!« titelten die britischen Zeitungen im Jahr 2000 – damals legte ein Orkan alle Verbindungen zum Festland lahm – »Kontinent abgeschnitten!« und nicht umgekehrt. Schon klar, dass man mit so einer Weltsicht weit kommt. Ausnahmeregelungen für Großbritannien gibt es in der EU jedenfalls genug, und falls sie nicht noch zusätzliche weitreichende Zugeständnisse bekommen, könnten sie 2017 abermalig ein Referendum über ihren Verbleib in der EU abhalten. Kein Wunder, dass es mehr und mehr EU-Politiker gibt, die »keinen Bock« mehr auf die Briten haben. Ohne sie ginge wohl einiges einfacher …

Mit Haien und Schildkröten zu tauchen ist sicherlich ein Highlight des Aquariumjobs, ein wahres Privileg. Solche Momente aber sind auch hier die Ausnahme. Routine bestimmt den Alltag, gleichzeitig gibt es ständig neue Probleme zu bewältigen: Wie päppelt man einen kranken Rochen wieder auf? Warum ist der Sauerstoffgehalt im Haifischbecken plötzlich so hoch? Wieso hat der eine Pinguin keinen Appetit und warum humpelt der andere? Kaum ist ein Problem gelöst, tauchen woanders schon neue auf.

Die Fische aber sind faszinierend. Nur einen mag ich weniger, der »Schwarze Pacu«, von denen in einem Becken eine ganze Bande herumschwimmt. Er ist ein etwa ein Meter langer, bis zu 30 Kilo schwerer Salmler, der ursprünglich aus dem Amazonas kommt, heute aber auch in Florida gefangen wird. Obwohl er nur Pflanzen frisst, nennen die Amerikaner ihn »Ball-Cutter«, Hodenbeißer. CBS-News nämlich hat über einen Mann aus Papua-Neuguinea berichtet, dem so ein Fisch beim Durchqueren des Flusses ... na ja, ob die Geschichte stimmt, ist fraglich. Doch als der größte Pacu der Bande beim täglichen Messen der Wassertemperatur und Überprüfen der Wasserchemie jedes Mal neugierig angeschwommen kam, bildete ich mir irgendwann ein, er gucke mich komisch an. Also: Hand aus dem Wasser! Denn auch wenn es »nur« meine Finger gewesen wären, dieses Risiko wollte ich dann doch nicht eingehen.

32. PORTUGAL

Voll verkork(s)t

Porto

LISSABON

EU-Beitritt: 1986
Hauptstadt: Lissabon
Fläche: 92 072 km²
Einwohner: 10,4 Millionen
Mein Beruf: Qualitätssicherer
   in einem Korkunternehmen
Mein Wohnort: Porto

Leicht, wasserdicht, flexibel, schall- und wärmeisolierend, enorm alterungsbeständig, gut zu verarbeiten: Mitunter müssen sich Werkstofftechniker eingestehen, dass sie, egal, wie gut sie sind, die Natur nicht verbessern können. Kork ist so ein Material, das schwer zu übertreffen ist. Dass die Rinde der Korkeiche schwimmt, wussten schon die alten Ägypter. Sie fertigten aus Kork Ankerbojen und Schwimmgürtel. Der mittelalterliche Arzt Paracelsus mag sich die Verschlüsse für die Kolben, Retorten und anderen Gefäße, in denen er seine Kräuter, Salben und Tränke aufbewahrte, vielleicht noch selbst geschnitzt haben. Spätestens mit dem Aufkommen der Glasindustrie im 17. Jahrhundert aber begann auch der Aufschwung der Korkindustrie.

Kein Weinfass und keine Flasche, die nicht von einem Korken verschlossen wurde. Und Korken schließen gut: In Jena, nur um mal ein Beispiel zu nennen, wurden 1914 vier Flaschen Wein von 1697 gefunden. Sie wurden ins Weinmuseum nach Speyer gebracht, und da standen dann die Önologen und Forscher um die vier Flaschen herum und fragten sich: »Öffnen oder nicht öffnen?« Natürlich öffneten sie eine – und angeblich soll der immerhin 217 Jahre alte Wein noch köstlich geschmeckt haben. Im Sommer 2010 bargen Taucher aus einem vor etwa 200 Jahren vor den finnischen Åland-Inseln gesunkenen Schiff 168 Champagnerflaschen, von denen etwa 70 noch heil waren, darunter auch einige Flaschen aus der französischen Kellerei Veuve Clicquot. Ein paar Journalisten durften tatsächlich probieren. Die Kohlensäure war zwar raus, das Urteil aber fiel positiv aus: Das Bouquet sei eher streng gewesen, der Wein aber süß und insgesamt »wesentlich besser« als viele heutige Weine. Wer will, kann selbst probieren, denn die åländische Kulturministerin kündigte damals an, jedes Jahr ein oder zwei Flaschen versteigern zu wollen. Angepeilter Preis: um die 50 000 Euro!

Korken werden aus der Rinde der immergrünen Korkeiche hergestellt, und so anspruchslos Korkeichen auch sonst in Bezug auf ihren Lebensraum sind – sie brauchen Wärme und wachsen deshalb vor allem in Südeuropa, entlang der Küsten Spaniens, Südfrankreichs und Korsikas. Mit 750 000 Hektar Bestand gibt es hier mehr Korkeichen als in allen anderen Ländern der Welt zusammen. Doch in Sachen Kork macht den Portugiesen keiner was vor: Folglich kommt auch über die Hälfte des weltweit verarbeiteten Korks aus dem kleinen Land an der Atlantikküste.

Deshalb verbringe ich diese Woche in einem Korkunternehmen: Granorte, ein seit Anfang der 1970er-Jahre existierender Familienbetrieb, der sich darauf spezialisiert hat, Korkreste zu recyceln. Denn einen Korken zu produzieren ist wie Kekseausstechen: Zwischen den Formen bleibt immer etwas übrig – und das ist das Grundmaterial, das die Firma in Rio Meão zu Granulat mahlt und weiterverarbeitet. Mit ein bisschen Klebstoff lässt es sich zu Balken pressen, die sich anschließend wiederum zerschneiden lassen: Pinnwände, Dämmmaterial, Korkfußböden, Möbel, Verpackungen, Schuheinlagen, Champagnerkorken – was Kork angeht, sind der Fantasie tatsächlich keine Grenzen gesetzt, sogar in der Luft- und Raumfahrt findet er Verwendung!

Um den Job beworben hatte ich mich schon vor längerer Zeit, denn laut Plan hätte Portugal nach Spanien meine »Nummer vier« werden sollen. Eine Zusage bekam ich zwar relativ schnell, dass es dann aber doch mehr als ein Jahr gedauert hat, bis ich kommen konnte, liegt an der Familie: Sie spielt im Leben der Portugiesen eine gewaltige Rolle. Familie geht über alles, und wenn jemand kommt, weil er sich für das Familienunternehmen interessiert, dann sollen und wollen auch alle dabei sein. Blöd nur, wenn das Unternehmen fast ausschließlich für den Export produziert und von den Familienmitgliedern deshalb ständig jemand auf Geschäftsreise ist …

Nun aber bin ich da – und werde aufgenommen wie ein lange verlorener Sohn. Zwar wohne ich nicht bei der Familie (ich habe in der Umgebung eine Couch gefunden), sonst aber bin ich »mittendrin«. Beim Mittagessen liegt ein Gedeck für mich auf, nach Feierabend zeigen sie mir das Nachtleben von Porto, und egal, ob ich eine Frage habe oder irgendwo nicht weiterkomme – die Familie ist für mich da. Unmöglich zu beschreiben, wie wohl ich mich deshalb in Porto fühle.

Portugal ist einer der ältesten Nationalstaaten Europas. Eine Seefahrernation, eine Kolonialmacht, die Geschichte des Landes ist ruhmreich. Ab dem 15. Jahrhundert kamen Kreuzfahrer und Söldner, Händler, Handwerker und Künstler aus ganz Europa nach Lissabon, einem der Wirtschaftszentren der damaligen Welt. Heute ist das nicht mehr so. Bis 1910 hatte Portugal einen König, danach wurde es chaotisch: 45 Regierungen mit acht Präsidenten und 26 Putschversuche in nur 16 Jahren – und dann brach die Zeit des Diktators Antonio de Oliveira Salazar an. Er war Professor für Volkswirtschaft an der Universität Coimbra, und Historiker und Psychologen sagen heute, dass der menschenscheue Regent zeit seines Lebens davon überzeugt war, immer nur zum Wohle Portugals zu handeln. Tatsächlich hat er das verschuldete Land zunächst zwar konsolidiert, es dann aber in die Steinzeit zurückkatapultiert. Er wollte ein »Volk der Unwissenden«: Musik, Religion, Sport, dafür (und nicht für mehr) sollten sich die Menschen interessieren. Parteiarbeit wurde verboten, und eine strikte Pressezensur sorgte dafür, dass niemand mehr erfuhr, als Salazar glaubte das Volk wissen lassen zu müssen. Ganz klar, dass er Regimekritiker gnadenlos verfolgen ließ.

32 Jahre lang hielt er sich an der Macht, dann brach ein alter Stuhl unter ihm zusammen und er fiel so unglücklich auf den Kopf, dass er einen Hirnschlag erlitt und zum Pflegefall wurde. Sein Erbe: ein Land, das politisch, wirtschaftlich und sozial am Boden lag. Zwar gab es einen Nachfolger für den Diktator, die Lage aber war bereits so schlecht, dass es bald zum Umsturz kam.

1974 schließlich erfolgte die sogenannte Nelkenrevolution. Sie ging vom Militär aus, das geheime Signal war das im Radio gespielte Lied eines kommunistischen Liedermachers: »Grândola, Vila Morena« (»Grândola, braune Stadt«). Als es um Mitternacht gesendet wurde, bahnte die Revolution sich ihren Weg, und bereits drei Stunden später hatten die Putschisten die strategischen Punkte der Hauptstadt inklusive der Radiosender und einiger Ministerien besetzt. Als sie später mit Panzern in Lissabon einfuhren, um die Hauptstadt zu erobern, wurden sie begeistert empfangen. Tausende von Frauen hatten rote Nelken dabei, die sie den Soldaten in die Gewehrläufe steckten. Der Beginn der Demokratie. Für Historiker ist die »Nelkenrevolution« so etwas wie eine europäische Initialzündung. Denn nach Portugal fiel die Diktatur 1974 auch in Griechenland und 1975 dann in Spanien.

Seit 1986 ist Portugal Mitglied der EU. Bedingt durch seine Geschichte, war es ein schwerer Anfang, verbunden mit der Hoffnung auf einen höheren Lebensstandard, die Modernisierung der maroden Infrastruktur und den Abbau der verkrusteten Amtsstrukturen. Durch große Unterstützung der Europäischen Gemeinschaft ging es lange Zeit auch aufwärts. Portugiesen, die zuvor ihr Land auf der Suche nach Arbeit verlassen hatten, begannen wieder zurückzukehren – neue Perspektiven öffneten sich für sie zu Hause. Dennoch blieb die heimische Wirtschaft wackelig, und so konnte sie der Weltwirtschaftskrise nicht standhalten. Portugal war eines der Länder, die von der EU mit einem 78 Milliarden schweren Rettungsprogramm vor der Pleite bewahrt werden mussten. Mittlerweile ist der Höhepunkt der Krise zwar überwunden, das Vertrauen der Anleger wieder gewachsen, die Regierung in Lissabon kann wieder frei an den Finanzmärkten walten und bekommt für seine Staatsanleihen auch erträglichere Zinsen. Die Radikalkur aber hatte ihren Preis: Rund ein Drittel der Bevölkerung schrammt an der Armutsgrenze entlang.

Der Kork könnte helfen. 52,5 Prozent des weltweiten Bedarfs kommt aus Portugal, und auch wenn es eine Zeit lang so aussah, als würden die Plastikstöpsel und Drehverschlüsse für Weinflaschen das Geschäft zerstören, steigt die Nachfrage doch weiterhin. Kork ist ein nachwachsender Rohstoff, zu 100 Prozent wiederverwertbar. Abriebfest, antistatisch, schwer entflammbar und ökologisch absolut unbedenklich – die Korkeichen entnehmen der Atmosphäre zur Herstellung ihrer Rinde mehr CO_2, als der gesamte industrielle Prozess hinterher wieder ausstößt. Eine Industrie mit positiver CO_2-Bilanz, das ist schon etwas Besonderes.

Aber das Angebot ist begrenzt, denn bevor eine Korkeiche zum ersten Mal geschält werden kann, vergehen fast 25 Jahre, und danach kann der Baum nur alle neun bis zehn Jahre »geerntet« werden (sonst ist die Rinde zu dünn, um daraus Korkstöpsel zu stanzen). Kork ist ein Naturprodukt, die Qualität daher unweigerlich Schwankungen unterworfen, weshalb mein Job in der Qualitätssicherung umso wichtiger ist. Die Materialdicke der Platten muss stimmen, die Elastizität, die Feuchtigkeit und die Abwetzungsstandhaltigkeit. Das Granulat muss eine bestimmte Größe und Dichte einhalten, die Kunden sind pingelig. Es ist ein Laborjob: Man folgt hochstandardisierten Testabläufen, für Fantasie ist hier kein Platz. Ob's mein Job wäre? Ich denke nicht. Ich wäre wahrscheinlich eher jemand für den Verkauf. 97 Prozent der Produktion wird exportiert, als Verkäufer wäre ich wohl oft unterwegs. Vielleicht sollte ich mich noch einmal bewerben?

Auf jeden Fall habe ich jedoch eine gute Woche in einem sehr warmherzigen Land verbracht. Wenn ich nicht für die Arbeit wiederkomme, könnte Portugal vielleicht einmal für meinen Ruhestand infrage kommen. Unangenehm ist das Klima hier ja auch nicht. Bis zum Ruhestand ist es aber noch lange hin. Erst muss ich die Reise abschließen!

33. ITALIEN

Wie ich fühlte, Wind und Meer zu sein

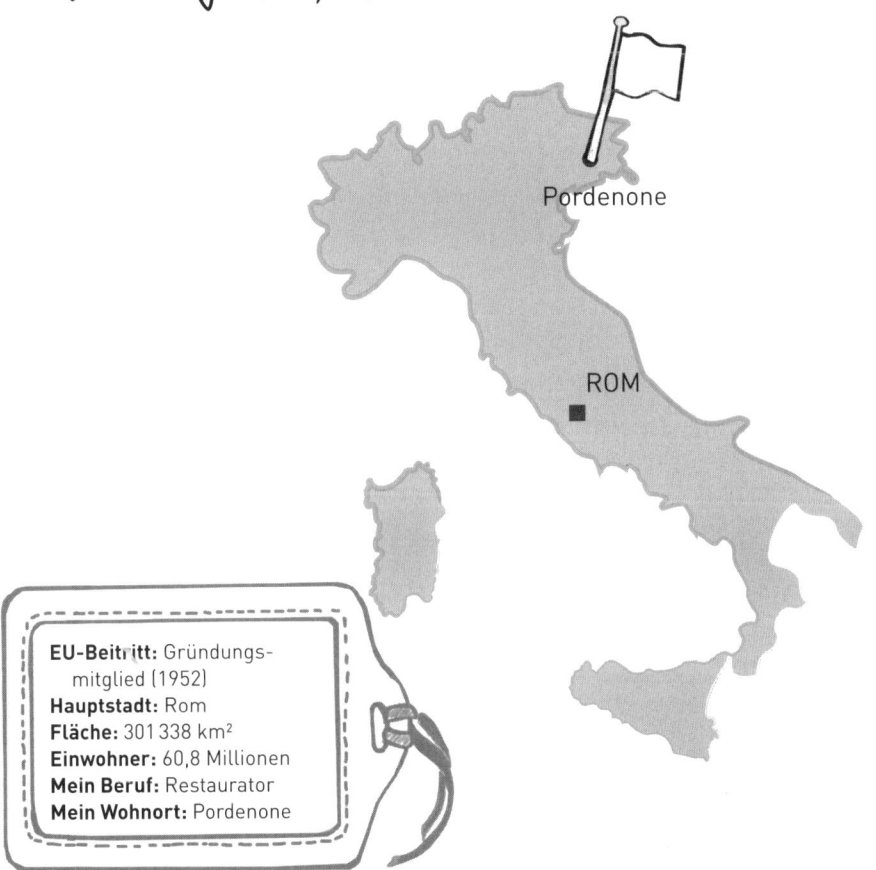

Pordenone

ROM
■

EU-Beitritt: Gründungs-
   mitglied (1952)
Hauptstadt: Rom
Fläche: 301 338 km²
Einwohner: 60,8 Millionen
Mein Beruf: Restaurator
Mein Wohnort: Pordenone

Italien, das Land des Katholizismus, der Kunst und des guten Essens. Das Land der Mode und der Designer. In anderen Kreisen
auch bekannt unter Pizza, Pasta, Bunga-Bunga. Man sollte doch
meinen, dass ich da einen Job gefunden hätte, oder? Habe ich aber

nicht. Das heißt, ich hatte einen, sogar einen ziemlich guten: Glasbläser auf Murano. Drei Tage vor Jobantritt aber sagte der Glasbläsermeister wieder ab. Warum? Das ist mir noch immer schleierhaft.

Die Suche begann also von vorn, diesmal vollkommen glücklos: stundenlange Recherchen im Netz, etliche Telefonate, ein enormer Mailverkehr, aber kein Job. Pizzabäcker könnte ich werden, will ich aber nicht, Bäcker war ich schließlich schon in Liechtenstein. In der Mode- und Lederindustrie würde ich gern arbeiten, komme aber trotz intensiver Bemühungen nicht rein. Schließlich gibt mir jemand einen Tipp, auf den ich, ehrlich gesagt, auch selbst hätte kommen können: EURES, das Jobportal der EU. »Jobportal« ist wahrscheinlich das falsche Wort, denn neben klassischen Anzeigen, auf die man sich melden kann, gibt es bei EURES auch rund 900 Berater, die zum persönlichen Gespräch bereitstehen. Meine Beraterin heißt Stefania Garofalo, und als ich ihr eine Mail schreibe, habe ich zunächst nur sehr wenig Hoffnung auf Erfolg. Doch wie man sich täuschen kann. Schon am nächsten Tag habe ich Antwort: »Job gefunden!« Besser noch: Stefania hat einen interessanten, geradezu einzigartigen Job gefunden – Restaurator in Pordenone! Ich bin baff.

Pordenone liegt im Norden Italiens, am Fuß der Dolomiten, 50 Kilometer nördlich der Adria, 65 Kilometer nordwestlich von Venedig. Ein malerischer Ort mit einer hübschen historischen Altstadt, in der sich die verschiedenen Stilrichtungen abwechseln. Gotische Stadtpaläste, in der Renaissance errichtete Arkaden, unter denen sich gemütliche Cafés aneinanderreihen.

Wenn man die passenden Auftraggeber hat, kann man als Restaurator in Italien leben wie die Made im Speck. Zumindest aber die Auswahl ist groß: Rund 95 000 Kirchen gibt es in Italien, außerdem rund 40 000 Burgen und Schlösser, 30 000 historische Resi-

denzen und etwa 39 600 Archive, Bibliotheken, Museen und Klös-
ter. Viele gehören zum Weltkulturerbe der UNESCO, und überall
gibt es zu tun: Fassaden sind eingerissen, Dächer müssen gestützt,
Bilder von Staub und Schmutz befreit, Bücher konserviert werden.
Marmor wird über die Jahrhunderte brüchig, der saure Regen zer-
frisst den Stein der Skulpturen. »Kunst ist schön, macht aber viel
Arbeit«, witzelte der deutsche Komiker Karl Valentin Anfang der
1920er-Jahre, und für die meisten modernen Restauratoren fängt
diese Arbeit tatsächlich damit an, die Sünden vorheriger Restau-
rationen zu beseitigen. Denn was restaurieren ist und wie man es
am besten macht, darüber wurde jahrhundertelang zunächst gar
nicht und dann sehr unterschiedlich nachgedacht. So waren wertvolle Gemälde früher zum Beispiel grundsätzlich braun. Warum?
Weil über Jahrhunderte die einzige Methode, ein Bild zu schützen,
darin bestand, es mit irgendwelchen, aus ziemlich fragwürdigen
Ingredienzien zusammengepanschten Firnissen und Lacken zuzu-
schmieren, die zunächst vergilbten und schließlich braun wurden.
Auch beim Säubern der Bilder ging man lange nicht besonders
vorsichtig vor. Nicht selten benutzten Restauratoren bis Mitte des
19. Jahrhunderts Wurzelbürsten, Seifen, Alkohol und Säuren jeder
Art, schwemmten alles mit Wasser ab, und wenn die Originalfarbe
irgendwann weg war, pinselten sie die fehlenden Stellen mit küh-
nem Pinselschwung selbst nach. Mit Skulpturen ging man nicht
anders um – wenn ein Kopf oder ein Arm fehlte, dann konnte es
schon mal sein, dass man einfach einen neuen dransetzte. Wie der
dann aussah, war immer sehr dem Zeitgeschmack geschuldet.

Heute geht man mit mehr Finesse vor. Moderne Restauratoren arbeiten unter anderem mit Plasmatechnologie und Lasern und verfügen über ein gewaltiges Repertoire an Techniken zur Wiederherstel-
lung und Erhaltung. Was sie können, sieht man zum Beispiel in der
berühmten Sixtinischen Kapelle im Vatikan. Bis in die 1980er-Jah-
re waren Michelangelos Deckenmalereien dort eine ziemlich trübe

Angelegenheit, und irgendwie erschien alles düster und nebelig. Ein Stilmittel des Künstlers? Nach der Restaurierung in den 1980er- und 1990er-Jahren erstrahlte die Kapelle plötzlich in einem bisher nicht gekannten Farbenreichtum. Alles schien so frisch, kräftig und klar, dass sich die Fachleute erst mal in die Haare bekamen und darüber stritten, ob Michelangelo tatsächlich so hübsch bunt gemalt hatte ...

Ob ich ein Stück von Italiens langsam verfallender Kunst retten kann? Mal schauen. Gerade bin ich in Paris in den Flieger eingestiegen, und »rumms«, schon stehen wir wieder. Das vordere Fahrwerk ist kaputt, die Räder stehen 90 Grad zum Rumpf der Maschine. Praktisch, wenn man sich im Kreis drehen möchte, doch für den Start nicht optimal. Also: »Wir bitten alle Passagiere auszusteigen.« Das fängt ja gut an ...

Ein paar Stunden später stehe ich schließlich doch auf einem abgelegenen Flughafen 80 Kilometer südöstlich meines Zielorts. Es ist später Abend, und weil der neue Flieger Verspätung hatte, komme ich nicht mehr nach Pordenone. Dumm auch, dass mein Gepäck nicht rechtzeitig umgeladen worden ist. Egal, Hauptsache, ich bin schon mal in Italien. Es ist Sommer, es ist warm, der Flughafen ist menschenleer, und die kleine Flughafenkapelle scheint mir doch ein recht gemütlicher Schlafplatz zu sein. Sie ist es tatsächlich.

Voller Energie breche ich im Morgengrauen auf in Richtung Pordenone, wo ich ein paar Stunden später in der Werkstatt von Mauro Vita eintreffe. Und sofort verstehe ich, warum mir die EURES-Beraterin so schnell einen Job besorgen konnte: Mauro ist ein warmherziger, sehr kommunikativer Mann. Immer ein Lächeln auf den Lippen, immer für einen Witz zu haben, penibel im Handwerk, aber locker im Umgang mit Menschen. Ein Mann, den ich mir gut als »zusätzlichen Onkel« vorstellen könnte. Seine Angestellten sehen das wohl auch so: »Ja, ich könnte woanders vielleicht mehr verdienen«, sagt mir eine, »aber ich habe keine Lust für jemand anderen als Mauro zu arbeiten.«

Neuen Projekten gegenüber ist er sehr, sehr aufgeschlossen. Der EURES-Beraterin sagte er: »Super Projekt, der kommt zu mir, ich mach da mit, unbedingt!« Und er hat auch schon eine Art Programm für mich ausgearbeitet. Montag: handwerkliche Einführung, Dienstag: Arbeiten auf einer Baustelle in Venedig, Mittwoch: Arbeiten auf einer Baustelle im viereinhalb Fahrstunden entfernten Genua. Und hätte ich ihm nicht gesagt, dass ich die beiden letzten Tage gern in Pordenone arbeiten würde, wäre es wohl auch da zu Exkursionen gekommen.

Ich komme wohl im richtigen Moment. Im Sommer 2014 nämlich jährt sich der Ausbruch des Ersten Weltkrieges zum 100. Mal, und anlässlich dieses Jubiläums sollen die Kanonenräder auf der militärischen Gedenkstätte Redipuglia, dem größten Kriegerehrenmal Italiens, restauriert werden. Es sind große, schwere, aus Holz und Gusseisen geformte Räder, denen die Zeit und Witterung ganz schön zugesetzt hat: Einige Teile sind morsch, viele fehlen ganz. Also: alte Farbe entfernen, das morsche und zerbröckelnde Holz mit einer Spezialflüssigkeit begießen und aushärten lassen. Schwieriger ist es, die fehlenden Teile zu ersetzen. Wie bei einem Puzzle braucht man das passende Stück, damit das Rad zwar die Spuren der Zeit trägt, ansonsten aber aussieht, als wäre es gerade montiert worden. Hier sind ein bisschen Grübeln und Handwerk gefragt. Sägen, hobeln, schleifen, einpassen, nachschleifen, malen, neu lackieren – einfach ist das nicht. Insbesondere ist es aber anstrengender und zeitaufwendiger, als es klingt, zudem stehen auf dem Friedhof jede Menge Kanonen, die restauriert werden müssen.

Aber die Arbeit macht Spaß, und der Auftrag in Venedig ist sogar noch anspruchsvoller: Ach, Venedig, wunderschöne Stadt. Die Italiener nennen sie »La Serenissima«, die Adelige. Sie hat tatsächlich etwas Erhabenes, leben aber möchte ich dort nicht. Zu viele Touristen in zu engen Gassen. Ich komme mir, ehrlich gesagt, vor, als stünde ich einem Vergnügungspark. Für ein paar Tage ist es super hier, dann reicht es auch. Von Romantik keine Spur, schade, was aus dieser Stadt geworden ist.

Mauro und seine Leute restaurieren in Venedig im Auftrag des neuen Besitzers eine der ältesten Apotheken der Stadt. Eigentlich wären sie schon fertig, wenn nicht die Behörden dazwischengegrätscht wären: Venedig ist eines der Touristenzentren des Landes. Mit dem historischen Charme der Stadt wird eine Menge Geld verdient, und die Denkmalschutzbehörde ist deshalb besonders pingelig. Alles muss aussehen wie früher, möglichst perfekt sein – und dem zuständigen Beamten gefiel es nicht, dass eine Terrakottaverzierung nach der Restaurierung »zu neu« aussah. Na ja, er musste die Arbeit ja auch nicht aus eigener Tasche bezahlen, da kann man schon mal ein wenig genauer hinschauen. Gleichzeitig lässt der Staat die Häuser der UNESCO-Welterbestätte Pompeji langsam vor sich hinbröckeln, aber das ist eine andere Geschichte … Mein Job: die Verzierung auf alt trimmen, am besten mit einem grünlichen Schimmer, so wie man ihn an alter Bronze findet. Also drückt mir Mauro eine Art Föhn in die linke und einen Pinsel in die rechte Hand, und los geht's. »Piano, piano«, weist Mauro mich an. Also immer schön langsam. Mit links erwärmen, mit rechts vorsichtig Schicht um Schicht der wachsartigen Farbe abtragen. Immer schön unregelmäßig, so wie Wind, Regen, Salz und Sonne es täten. »Ja, aber wie genau machen das die Elemente denn?«, frage ich. In regelmäßigen Mustern sicherlich nicht, absolut zufällig aber auch nicht. »Du musst es fühlen«, sagt Mauro – zumindest verstehe ich es so, denn sein Englisch ist kaum besser als mein Italienisch. Also »fühle ich« und bin der Wind, das Salz des Meeres, der Sturm und die Zeit … Und als ob das alles nicht schon schwer genug wäre, soll ich außerdem noch den Weg des Lichtes bis ins Auge des in der Apotheke stehenden Betrachters nachvollziehen. Denn darum geht es ja schließlich, dass der Eindruck der leichten Verwitterung richtig ankommt. Ein Job für einen Künstler mit Erfahrung. Ich komme mir vor wie jemand, der noch mit Stützrädern Fahrrad fährt, von dem man aber verlangt, dass er mit brennenden Fackeln auf einem Einrad jongliert und dazu »Bella Ciao« singt. Also immer »piano, piano«!

Diese Restauration ist sicherlich die technisch anspruchsvollste Aufgabe aller 33 Wochen. Ein würdiger Schlusspunkt meiner Reise!

Epilog

33 Länder! Ich habe es tatsächlich geschafft! Mit dem Vatikanstaat hätten es auch 34 werden können, aber die wollten nicht, dass ich bei ihnen im Postamt arbeite. Aber egal, ehrlich gesagt, hätte ich anfangs nicht einmal damit gerechnet, dass ich zehn Länder schaffe. Dass es *überhaupt* losgehen würde … Es gab während der Vorbereitung einige Momente, die mich ernsthaft zweifeln ließen. Die Planung, die Organisation der Jobs, die Reisen selbst – von der Idee bis zum Ende des Projekts sind etwa zweieinhalb Jahre vergangen, in denen ich gute Gründe gehabt hätte, das Handtuch zu werfen. Ich bin ein bisschen stolz darauf, dass ich durchgehalten habe …

Und warum habe ich durchgehalten? Weil es jemanden gab, der mich immer wieder bestärkt hat weiterzumachen. An dieser Stelle ein riesiges Dankeschön an meine Lebensgefährtin Sandrine. Sie war mein größter Rückhalt, obwohl sie gar nichts davon hatte. ICH konnte reisen. ICH habe Großartiges erlebt, viel Neues entdeckt und wundervolle Leute kennengelernt. Und sie? Sie ist jeden Abend in eine leere Wohnung gekommen und hat mir zu Hause den Rücken freigehalten. Mit Distanz und Abwesenheit umzugehen ist für den, der zurückbleibt, weitaus schwieriger als für den, der fährt.

Und heute? Habe ich meinen Traumjob gefunden? Ehrlich gesagt, nein, noch nicht. Aber ich habe gelernt, wo meine Stärken liegen. Ich habe Ingenieurswesen studiert, und vielleicht musste ich tatsächlich erst nach Dänemark gehen, um zu erfahren, wie viel Spaß mir dieser Beruf macht. Ich finde die Luftfahrt faszinierend, aber ich weiß jetzt sicher, dass mir pingeliges Herumwerkeln an Kleinteilen nicht liegt. Ich bin nicht der Typ, der mehrere Jahre vorm Computer hockt, um die optimale luftfahrttaugliche Niete zu entwerfen oder irgendein Rohr um ein paar Millimeter zu verschieben. Ich brauche Menschen um mich herum, mit denen ich mich austauschen kann, in einem Job, der nicht nur technisch anspruchsvoll ist, sondern auch Dynamik und Schwung hat.

Ich finde, dass die Reise meinen Horizont erweitert hat. Er ist heute weiter und höher als vor Antritt des Projekts. Meine beruflichen Interessen sind breiter geworden, ich habe gelernt, meine Grenzen zu erkennen, aber auch, über sie hinauszuschauen. Ich wage mich heute an Projekte, für die mir früher das Selbstbewusstsein gefehlt hätte.

Und ich habe vieles entdeckt, unter anderem in mir: Ich weiß jetzt, dass ich flexibler bin, als ich dachte. Dass ich verdammt hartnäckig sein und gut mit Menschen umgehen kann. Sicher, eine Woche ist nicht viel, aber in einigen Jobs – an dieser Stelle ist mal Eigenlob fällig – habe ich mich wirklich sehr gut geschlagen! Nicht, weil ich irgendwelche handwerklichen Fähigkeiten oder irgendein Vorwissen mitbrachte, sondern einfach, weil meine Persönlichkeit zu dem Job passte. Und ich bin überzeugt, für andere gilt das auch. Jeder von uns kann mehrere Arbeitsleben haben, wenn wir das möchten. Und das sind doch gute Aussichten, nicht wahr? Mich jedenfalls beruhigt die Erkenntnis, dass ich nicht nur »das eine« kann. Dass ich nicht mein Leben lang stur »der einen« Tätigkeit nachgehen muss …

Ich fände es prima, wenn jemand die gleiche oder eine ähnliche Reise antreten würde. Schon allein, weil ihr oder ihm dadurch klarer werden würde, dass das, was uns Europäer verbindet und worin wir uns ähnlich sind, viel, viel mehr und stärker ist als die Unterschiede, die uns trennen. Europa gibt uns die Möglichkeit, einander kennenzulernen. Das ist eine große Chance.

Eine solche Reise muss ja nicht unbedingt Ausmaße annehmen wie meine, schon ein paar Jobs und Länder sind enorm bereichernd. Wer möchte, kann sich ja auch nur auf ein Land oder ein Arbeitsfeld konzentrieren.

Andererseits … es gibt rund 200 Länder weltweit (die genaue Anzahl hängt davon ab, wen man so alles als unabhängigen Staat anerkennt), da müssten meine 33 doch zu toppen sein, oder? Also, schnappt euch eure Rucksäcke, es gibt noch so viel zu entdecken! Und teilt eure Erfahrungen!*

---

* Sollte es zur Durchführung eines ähnlichen Projekts kommen, lehnt der Autor jegliche Verantwortung ab für: verpasste Verkehrsmittel, unbequeme Nachtlager auf Flughafenböden, Tage des Wartens am Straßenrand (inklusive Taubheit des ausgestreckten Arms und gereckten Daumens), explodierende Telefonrechnungen, Schlafentzug, Hiobsbotschaften etc.

Dankeschön

Danke, tausendmal danke an die vielen Menschen, die an dieses Projekt geglaubt, die mitgemacht und mir dabei geholfen haben, diese Reise zu verwirklichen.

Danke vor allem an meine Lebensgefährtin Sandrine, ohne deren unerschütterliche Unterstützung und unendliche Geduld das alles nicht möglich gewesen wäre.

Danke an meine Schwester Melanie und an meine Familie für ihre Hilfe.

Danke insbesondere an alle Unternehmen, die mir ihre Türen geöffnet, sowie an alle Kollegen, die mich als einen der Ihren aufgenommen haben. Ich habe viel erlebt und viel gelernt.

Danke an meine Sponsoren, ohne die ich nicht hätte aufbrechen können.

Danke an alle Couchsurfer, die mich beherbergt haben. Ohne euch wäre die Reise schnell wieder vorbei gewesen. Ihr wart super!

Danke an alle Autofahrer, die mich über Tausende Kilometer mitgenommen haben, ohne euch wäre ich nicht weit gekommen.

Danke schließlich an Philip Alsen und den riva Verlag, die mir ermöglicht haben, meine Reise in diesem Buch zu erzählen.

Bildnachweis

Deutschland: © Sönke Manns
Irland: © Alan Betson/The Irish Times
Liechtenstein: © Daniel Schwendener
Niederlande: © Lex van Horssen
Norwegen: © Frøydis Braathen
Polen: © PAP/ADAM WARŻAWA
Schweiz (rechtes Bild): © 20 Minuten/Rahel Schnüriger
Slowakei: © Plus JEDEN DEŇ/Michal Smrčok
Spanien: © Samara Calero/El Correo de Andalucía

Alle anderen Bilder: privat.

Man spricht deutsh

192 Seiten
Preis: 14,99 € (D) | 15,40 € (A) |
ISBN Print: 978-3-86883-443-7

Andreas Hock

Bin ich denn der Einzigste hier, wo Deutsch kann?

Über den Niedergang unserer Sprache

Es war einmal eine Sprache, die vor lauter Poesie und Wohlklang die Menschen zu Tränen rührte. Die von Dichtern und Denkern immer weiter perfektioniert wurde. Die um ein Haar auf der ganzen Welt gesprochen worden wäre. Das aber ist lange her. Heute ist Deutsch ein linguistisches Auslaufmodell! Wie konnte es nur so weit kommen, dass unsere Kids zwar wissen, wer der Babo ist – aber keine Ahnung haben, wer dieser Goethe war? Warum wundern wir uns nicht, wenn uns die Werbung von Care Companys, Createurs d'Automobiles oder Sense and Simplicity erzählt? Andreas Hock fand Antworten auf diese und viele anderen Fragen über den Niedergang unserer Sprache.

Der beliebte Blog als Buch

160 Seiten
Preis: 14,99 € (D) | 15,40 € (A) |
ISBN Print: 978-3-86883-468-0

Stefan Sichermann

Der Postillon

Das Beste aus über
160 Jahren

Genießen Sie die unglaublichen Features dieser Sammlung der besten Artikel, Reportagen und Enthüllungsstorys aus über 160 Jahren Postillon: Riesiger Speicherplatz: 160 Seiten geballter, Pulitzerpreisverdächtiger Qualitätsjournalismus. Touchsensitive Umblätterfunktion: Mit einer lockeren Handbewegung können Sie weiteren Content abrufen. Like-Funktion: Einzelne Artikel können mithilfe eines praktischen Eselsohr-Features »geliket« werden. Share-Funktion: Sie können das Postillon-Buch dank hochmoderner integrierter »Verleih-Option« jederzeit mit Freunden und Bekannten teilen. Robust: Das Postillon-Buch übersteht selbst Stürze aus über 4000 Metern Höhe!

Lustige Prüfungsantworten

176 Seiten
Preis: 8,99 € (D) | 9,30 € (A) |
ISBN Print: 978-3-86883-411-6

Petra Cnyrim

Vervollständige
die Funktion

Über 222 genial schlag-
fertige Antworten auf
nervige Prüfungsfragen

Die meisten Menschen reagieren in einer Prüfungssituation mit Panik, wenn sie eine Frage nicht beantworten können. Doch manche nehmen auch dies mit Humor und beweisen mit ihrem Antwortversuch zumindest Kreativität und Cleverness. Dieses Buch versammelt die besten, originellsten und lustigsten falschen Antworten auf Prüfungsaufgaben und zeigt, dass selbst eine Frage wie »Was ist der Unterschied zwischen Hydrogencarbonat und Alkohol?« bei nahezu völliger Unwissenheit richtig beantwortet werden kann: »Hydrogencarbonat verursacht keine Autounfälle.«